クルマの女王・フェラーリが見たニッポン

清水草一
SOUICHI SHIMIZU

講談社

はじめに〜「俺は女とフェラーリが好きなんだ」

「俺は女とフェラーリが好きなんだ」

　これは、何かの映画で誰かが吐いたセリフである。詳しくはすべて忘却したが、このセリフだけは私の脳裏に刻み込まれた。

　これが、「女とクルマ」だったら、地方の青年の嗜好の話になってしまう。ところが、「女とフェラーリ」と並べることで、すべてが光り輝いてくる。

　フェラーリと同列に扱うということは、そこらの女ではない、とびきりのイイ女のことなのだろう。よしんばそうではなくても、一生にひとり出会えるか出会えないかくらいの、特別な女のことなのだろう。そしてフェラーリは、女と並び称されるほど、根源的な男の欲望の対象なのだろう。それが瞬時に理解できる名言だ。

　フェラーリは、地上唯一の自動車芸術だ。決して単なる金持ちのオモチャではない。知れば知るほど、畏敬を持って接すべき対象だということがわかってくる。

　なぜならそれは、人間の情念そのものだから。より速く走りたい、より美しくありたいという。それを、量産車の形を借りて具現化したのが、フェラーリのロードカーだ。

速さは、人間が根源的に憧れる能力のひとつである。

フェラーリは速い。ナンバー1ではないかもしれないが、1950年以来、休むことなく世界最高峰の自動車レースに参戦し続けることで、速さの象徴としてのゆるぎない地位を確立しているため、たとえ実際にはそれほど速くなくても、フェラーリ=速いというイメージは全世界共通だ。

美しさもまた、人間が根源的に憧れる特性のひとつである。

美しさにもいろいろあるが、フェラーリの美しさは、女性をモチーフにしている。きわめて単純かつ力強い、とびきりイイ女のイメージだ。見るだけで陶然とするような、恐ろしくイイ女だ。

さらに、実際にフェラーリに乗り、珠玉《しゅぎょく》のエンジンを吹かした者は、そのあまりの快感に、人類の延長線上にある超越存在を感じる。それは、凡百のクルマとはまったく別種の、震えるような甘美な瞬間だ。

エンツォ・フェラーリ

速さ。美しさ。それが融合する瞬間の絶頂。それがフェラーリなのである。

ここで、きわめて教科書的な、フェラーリの歴史を書き留めておこう。

アルファロメオのレーシングドライバーだったエンツォ・フェラーリは、1923年ラベンナでのレースに優勝、地元の名家・バラッカ家に招かれ、夫人から跳ね馬のエンブレムを手渡された。それは、バラッカ家の子息であり、第1次大戦で華々しく戦死したイタリア空軍の撃墜王、フランチェスコ・バラッカ少佐が撃墜したドイツの戦闘機についていた、シュツットガルト市のものだった。

ポルシェの紋章（の馬）

フェラーリの紋章

シュツットガルトに本拠を置くポルシェ社の紋章を見ると、中央にフェラーリとはちょっと角度の違う馬がいるが、フェラーリの紋章も、元をたどればそこに行き着く。

その後エンツォは、自らのレーサーとしての才能に限界を感じ、レースのマネージメントに専念すべく、1929年にレーシングチーム『スクーデリア・フェラーリ（スクーデリアとは厩舎の意味）』を設立、アルファロメオ車を走らせた。つまりフェラーリは、誕生当時はアルファロメオのレース部門だった。

第2次世界大戦後の1946年、フェラーリはいよいよレーシングカーの生産に乗り出す。

それはV型12気筒の１５００ccエンジンを積んだ１２５というマシンだった。これこそ記念すべき、フェラーリ第1号車だ。つまり、フェラーリの自動車メーカーとしての創設は戦後であり、トヨタや日産よりもはるかに新しい、新興メーカーなのである。

１２５は、スーパーチャージャーを装着されてさっそくレースに出場したが、これについてエンツォは、「まずエンジンを作った。それに車輪をつけたんだ」と、まるでエンジンを積んだリヤカーでも作ったような表現をした。

エンツォは当時、クルマはエンジンさえよければいいという哲

フェラーリ１号車、125。

学を持っていた。以来時が流れても、フェラーリの魂は常にエンジンにある。

当初フェラーリは、純レーシングカーメーカーだったが、設立2年後、それをロードカーに仕立てて貴族や大富豪に売り、レースの資金稼ぎをするというビジネスも始めた。

この伝統は、つい近年まで「Ｆ１が本業、ロードカー生産は副業」という、フェラーリ社の基本的あり方として受け継がれた。

60年代中盤から、フェラーリの経営は徐々に苦しくなり、69年にはフィアットの資本を受け入れてロードカー部門を任せ、エンツォ自身はレースに専念するようになる。

しかしレースでも精彩を欠くようになり、労働争議の頻発、イタリア経済の停滞とともにロードカーの品質も下落。「世界一故障するクルマ」という評価が定着してゆく。

88年、コマンダトーレとして君臨したエンツォが死去。代わって91年に社長に就任したのが、ルカ・モンテゼモーロだ。

モンテゼモーロは近代的な経営手腕を発揮し、フェラーリ社を根本的に立て直すことに成功。ロードカーの品質は飛躍的に向上し、世界中からバックオーダーを抱えるようになるが、生産台数は年間４０００～５０００台前後を上限としてプレミアム性を維持、世界の垂涎の的の地位を保つ。Ｆ１でも96年にＭ・シューマッハを獲得し、コンストラクターズチャンピオン６連覇を達成するなど、別格の王者として君臨している。

ルカ・ディ・モンテゼモーロ

恐るべきカリスマ、ほとんど狂人一歩手前のレース狂だったエンツォによって、フェラーリ神話は創られた。そして今それは、モンテゼモーロによって強化され、無敵のブランドとして君臨している。

これが、表側のフェラーリ社の歴史である。

しかし、地球の裏側・ここ日本ではどうだったのか。

私は、93年以来、５台のフェラーリを乗り継いできたが、私がフェラーリについてリアルタイムで接したのは、バブル期以降でしかない。

考えてみると、日本上陸第1号のフェラーリは、いつ、どの車種を、誰が買ったのだろう。いったい、自動車の女王様・フェラーリは、ここ極東の島国・日本で、どんな存在だったのか。そしてそれはどう変遷し、時代時代によって日本人はそれに対してどういう感覚で接していったのか。

それがわかれば、日本の戦後史の一面が見えてくるかもしれない。

◉クルマの女王・フェラーリが見たニッポン　目次

はじめに～「俺は女とフェラーリが好きなんだ」　1

第1章　私が日本初のフェラーリオーナーです

とんでもない高嶺の花！　あまりにも浮き世離れしたクルマ　15
1年間の販売台数、わずか2台…!?　19
日本第1号のフェラーリを持ち帰ったのは、この私です　26
フェラーリ、即金にてお買い上げ　36
フェラーリに乗っていれば「東洋の王子様」　42
日本で乗っていても、誰も気付いてくれない時代　50
フェラーリは〝安上がり〟な夢か…？　62

第2章　日本人がフェラーリを知らなかった頃

学生アルバイトでポルシェを買った男　71
「東洋の王子」と「伝説のレーサー」　77
その頃、我が清水家（練馬区）では…　82
モータージャーナリストの超重鎮は語る　92
高度経済成長とオイルショック　100
フェラーリオーナーには、石油危機なぞ関係なし！　107

第3章　子供たちだけのスーパーカーブーム

池沢さとし先生にフェラーリを売った男　113
行列新記録！　チビッコ大集合のスーパーカーショー　122
スーパーカーの王様「カウンタック」　130
「一時の熱狂」で終われなかった男たち…　145
フェラーリは、カウンタックの代償物なのか…!?　152

カウンタック日本上陸第1号は 159
手抜きのスーパーカー、そしてブームの終焉… 169
『サーキットの狼』、連載打ち切りの危機から大ヒットへ 177
フェラーリを買うには高すぎた税金 186

第4章 「フェラーリ大衆化」への奇跡

フェラーリを鉄クズ同然にした大不況 198
整備すら、まともにできなかった時代 205
ジャパン・アズ・ナンバーワン！ 209
「フェラーリだったらなんでもいい」 216
バブル頂点！ F40、1台2億6000万円!! 233
日本フェラーリ界の巨大資産の形成 241
「清水様、すっばらしい348tbが入ったんですよ!!」 249

あとがき 255

クルマの女王・フェラーリが見たニッポン

装丁／稲富健（RAZZO）
写真／『ベストカー』編集部
　　　コーンズ・アンド・カンパニー・リミテッド
　　　共同通信社
　　　PANA通信社
　　　講談社資料センター

第1章　私が日本初のフェラーリオーナーです

コーンズ・アンド・カンパニー・リミテッドの創業者、フレデリック・コーンズ。

まずは、最も真っ当なところから当たってみよう。私はフェラーリの正規代理店であるコーンズ・アンド・カンパニー・リミテッドの広報担当・小松青年に電話を入れてみた。

コーンズの創業は、江戸時代末期。日英通商の開幕とともに、1861年（文久元年）、当時24歳だったイギリス人フレデリック・コーンズが来日し、横浜で事業を始めた。つまりコーンズは、日本生まれのイギリス系会社ということになる。

当時の貿易品目は絹と茶が主で、貿易会社・コーンズは、さまざまな商品を扱ったが、1864年には、保険という概念がまだ普及していなかった日本で、英国系保険会社の引受代理業を開始した。その後、1868年に横浜で、1905年には神戸で、あの世界最大の保険引受集団・ロイズの代理店として選任され、損害鑑定業務も事業に加える。

第2次大戦後は、農業機械や、航空機、エレクトロニクス、自動車などの事業を展開している。

我々のイメージとしては、コーンズ＝フェラーリ屋さんというのが強固だが、自動車部門はコーンズのほんの一部で、看板のようなものとも言える。

とんでもない高嶺の花！　あまりにも浮き世離れしたクルマ

「コーンズがフェラーリを扱い始めたのは、いつからですか？」

「えーと、76年ですね」

なるほど、スーパーカーブームとほぼ同時だったのか。スーパーカーブーム当時は、横浜のシーサイドモーターというところがフェラーリとランボルギーニのメッカだったらしいが……。

「じゃあ、76年からこっちでかまわないから、日本での販売台数を教えてもらえますか」

「わかりました。ただ、最初の頃は運輸省で型式取ってなかったらしくて、車種の内訳がわかんないんですよ。それと、並行モノの台数まではウチではわかりません」

小松青年が送ってくれた資料は、79年から87年までがモデル不詳で台数のみ、88年からはモデル別の内訳付きだった。

次は並行モノおよび78年以前の台数を調べようと、日本自動車輸入組合に問い合わせた。

広報の小野寺さんは即座に資料をＦＡＸしてくれたが、やはり78年以前の資料はなかった。

フェラーリ・日本国内販売台数

モデル	1979	1980	1981	1982	1983	1984	1985	1986	1987	1988	1989	1990	1991	1992	1993	1994	1995	1996	1997	1998	1999	2000	2001	2002	2003	2004
308GTB/GTS												1														
328GTB/GTS										60	96	5														
MONDIAL T CABRIOLET										5	1	2	17	5	5	3	1									
MONDIAL T COUPE										6	1	2	14	2	6	7										
348tb/ts												42	131	81	41	30	3	5	3							
348SPIDER																14	13									
F355BERLINETTA/GTS																20	122	138	157	171	84	12	1			
F355SPIDER																	7	24	11	24	18	3				
360MODENAF1																					88	234	160			
360SPIDERF1																						2	63			
412										11	3															
456GT/GTA																39	33	27	38	20	26	5				
456MGT/GTA																						10	7			
TESTAROSSA										44	54	59	107	19	3		1				1					
512TR														64	53	40	8	13								
F512M																	20	22	4							
550MARANELLO																		5	56	44	37	25	19			
550BARCHETTA PININFARINA																							12			
575M MARANELLO																										
F40											4	39	7	5												
F50																		18	14	2						
モデル不詳	13	14	9	12	13	20	21	41	85															(2002年以降内訳公表せず)		
コーンズ計	13	14	9	12	13	20	21	41	85	126	159	150	276	176	108	153	208	252	283	261	254	291	262	242	270	310
並行輸入	32	34	20	28	27	45	44	95	199	259	174	297	320	166	219	309	436	326	322	194	245	330	198	168	148	161
合計（並行輸入含む）	45	48	29	40	40	65	65	136	284	385	333	447	596	342	327	462	644	578	605	455	499	621	460	410	418	471

コーンズが輸入権を取得する以前は、フェラーリというクルマは日本国政府には認められていない状態だったのだろうか。あまりにも台数が少なく、「型式不明」として扱われていたのか。

とりあえずは、コーンズと日本自動車輸入組合の資料を合体させた右の表を見てほしい。これだけでも、ずいぶんといろいろな事実が見えてくる。

まずは全体の輸入（正確には新規登録）台数。スーパーカーブーム当時の数字がわからないのは残念だが、85年までは極めて少ない。それが86年を境に倍々ゲームで増え始め、日本がバブルへと突入していくのが手に取るようにわかる。そしてバブル崩壊の91年をピークにいったん下降線を描くが、それが再び上昇している。

それにしても、79年以降の数字しかわからないとは。

窪山泰臣氏

こうなれば、直接人に会って尋ねるしかない。私は小松青年に、コーンズ社内に、昔のことがわかる人はいないかと聞いてみた。

「窪山《くぼやま》ならわかるかな。ウチの生き字引だから」

小松青年の紹介で、私はコーンズの芝ショールームに、マネージメント室部長の窪山泰臣《やすおみ》氏（取材当時59歳）を訪ねた。

鈴鹿サーキットで開催された第１回日本GP。わが国の近代モータースポーツの幕開けとなった。

フェラーリ250GT SWB

　窪山氏は67年、大学卒業と同時にコーンズ&カンパニーに入社。コーンズは、ピーター・ヒューエットというイギリス人社長（当時）の方針で、64年にロールスロイスの日本への輸入権を取得。当時はアストンマーチンとローバーも扱っていたという。

「あの頃の日本人のスポーツカー観では、まずMGやサンビーム、アルファ、ランチアなどがあって、その上にポルシェ、そのまた上にジャガー、そしてはるか雲の上に、アストンマーチンやフェラーリ、マセラティといったクルマがあるらしい、くらいのものでした。とにかく、とんでもない高嶺の花でした」

　そんな高嶺の花を窪山氏が知ったのは、いつだったのか。

「私は高校時代からクルマ好きでしたが、フェラーリというクルマを初めて認識したのは、63年の第1回日本GPの頃だったと思います。当時私は成城大の学生でしたが、あの時、エキシビションレースかなにかで、フェラーリ250GT SWB（ショートホイールベース）が走りまして、それを雑誌で見て、とんでもないクルマがあるなあ、すばらしいなあと思いました」

窪山氏の言う「エキシビションレース」は、第1回日本GPのメインイベント「国際スポーツカーレース」のことだ。

『サーキットの夢と栄光』（GP企画センター編・グランプリ出版刊）によると、このレースでは、ロータス23、フェラーリ250GTベルリネッタ（SWB）、アストンマーチンDB4、ポルシェカレラ2、ジャガーEタイプなどが走り、その流麗なスタイルに日本人は度肝を抜かれたという。フェラーリ250GTをドライブしたピエール・デュメは、当時日本人が誰も知らなかった「ソーイング・ドライビング」を披露して、アストンマーチンと激烈な4位争いを演じたそうだ。

しかし、当時の日本人からすれば、あまりにも浮き世離れしたクルマばかりだから、エキシビションと思っても無理はない。

日本の土を最初に踏んだフェラーリは、この時のこの250GT　SWBかもしれない。

1年間の販売台数、わずか2台…!?

窪山氏が初めて実物のフェラーリを見たのは、コーンズに入社後の70年頃、出張中のスイスでだったそうだ。

「スキーキャリアを付け、スキーを積んだディノ246GTが雪道を駆け上がってきました。すばらしく颯爽《さっそう》としていましたね」

当時日本ではちょうど大阪万博が開かれ、高度経済成長街道を驀進《ばくしん》していたが、まだフェラーリはほんの数台しかなかったらしく、しかもスキーを積んで雪道を駆け上がってくることなんぞ、あるはずもなかった。

一方コーンズは、世界一のスポーツカーであるフェラーリの輸入権が欲しいと以前から考えていて、72年4月には窪山氏自ら、マラネロのフェラーリ本社工場に交渉に行ったという。

「当時私はロールスロイスの工場なども訪ねておりましたが、フェラーリの本社工場はロールスに比べてもこぢんまりした印象で、やはり世界一のスポーツカーは、手作りでないといけないんだなあと思いましたね。フェラーリ社は、まだ30そこそこだった私の話をきちんと聞いてくれましたが、その前年、71年に西武自動車が輸入権を得たばかりだったので、1年で代えるわけにはいかない、もし西武がやめると言い出したら考えよう、という返事でした。結局、西武自動車は比較的すぐに撤退しまして、その後を安宅産業の子会社のロイヤルモータースという会社が継ぎましたが、これも1~2年で撤退しました」

そういう経緯で、76年、とうとうコーンズに、フェラーリの日本代理店というお鉢が回ってきた。

ただし最初の2~3年は、香港のマラネロ・コンセッショネアという、エンツォの知人の会社を経由しての契約だったという。当時のフェラーリの販売ルートは、御大エンツォのお友達ビジネスに近い感覚だったようだ。

窪山氏によると、輸入権を得たその年・76年にコーンズが販売した新車のフェラーリは、308GTBと308GT4のわずか2台だったという。

しかし76年と言えば、ちょうど池沢さとし先生の『サーキットの狼』が、スーパーカーブームを巻き起こし、世間ではスーパーカーが大騒ぎされていたはずだ。

「そうなんです。フェラーリに乗っていると、突然子供が大挙追いかけてくるようになりました。しかし、それで売れるかと言いますとそんなことはなくて、販売の方にはほとんど影響なかったですね」

確かに、子供はフェラーリを買えない……。

フェラーリ308GTB

話を戻そう。
コーンズがフェラーリの正規代理店となったのは76年からだが、当時フェラーリは、どれくらいの値段だったのか。それより昔はどうだったのか。それを調べれば、かつてフェラーリがどれくらい雲の上のものだったか、雰囲気がつかめるのではないか。
そこで、コーンズの小松青年に79年以降の正規価格リストを出してもら

フェラーリの価格変遷表

'62年〜'75年

モデル	'62年	'67年	'68年	'73年	'75年
250GT クーペ2+2	319万円（現地）				
250GT カブリオレ	336.4万円（現地）				
330GTC		377万円（現地）	1400万円		
ディーノ246GT				900万円	
365GT4/BB					1700万円

'76年〜'82年

モデル	'76年	'78年	'79年	'80年	'81年	'82年
ディーノ 308GT4	1250万円		1150万円	995万円	←	←
308GTB	1350万円	1170万円	←	←	←	←
308GTS			1230万円	←	←	←

'81年〜'86年

モデル	'81年	'83年	'84年	'85年	'86年
512BB	2450万円				
400i	2400万円	←	2450万円	←	
モンディアル8		1750万円			
308GTBi		1450万円			
308GTSi		1490万円			
モンディアルQV			1495万円	←	
308GTBQV			1370万円	←	
308GTSQV			1393万円	←	
512BBi			2450万円	←	
3.2モンディアル クーペ					1650万円
3.2モンディアル カブリオレ					1770万円
328GTB					1520万円
328GTS					1560万円
400A/T					2400万円
テスタロッサ					2430万円

い、合わせて『別冊ＣＧ　Ｆｅｒｒａｒｉ』をざっと調べて、フェラーリの価格変遷表を作ってみた。かなり穴だらけだが、雰囲気はつかめるだろう。

60年代、フェラーリのイタリア現地価格は５５０万リラ前後、３００万円台だ。随分安い気もするが、これは当時、どれくらいの感覚だったのか。

国産車では、67年発表のトヨタ２０００ＧＴが２３８万円だった。といってもこれは当時人気スポーツカーだったフェアレディ２０００の約3倍の価格で、今で言えばＮＳＸくらい。２３８万円が、今で言う約１０００万円、約4倍に当たる。

消費者物価指数の推移を見ても、現在（※連載当時＝２００２年）を１００とすると、１９６５年当時は25。ちょうど4分の1だ。

つまり、２５０ＧＴの現地価格は、今で言う１２００万円くらい。フェラーリのスタンダードモデルとして、かなり妥当な雰囲気である。

ところが、『カーグラフィック』誌によると、〝68年、新たに代理権を取得した西欧自動車によって正規輸入された３３０ＧＴＣは、現地価格３７７万円に対して、国内価格はなんと１４００万円〟だったという。

この西欧自動車とは、西武自動車の子会社だった。

つまり、整理するとこうなる。

68年　西武自動車の子会社・西欧自動車が、日本で初めてフェラーリの正規輸入権を獲得

71年　西欧自動車が西武自動車に吸収合併される
74年前後？　西武自動車がフェラーリ事業から撤退。安宅産業の子会社・ロイヤルモータースが輸入権を得る
76年　香港のマラネロ・コンセッショネアを通じて、コーンズがフェラーリの輸入権を得る
78年　コーンズが正式にフェラーリの日本総代理店となる

それにしても、68年当時、377万円が、なぜ1400万円になってしまっていたのか。それは、さまざまな経費に加えて、当時は高率の関税がかけられていたことに原因がある。

日本の高度成長に歩調を合わせて、国産乗用車の競争力が上昇するにつれ、自動車輸入関税は徐々に引き下げられ、加えてアメリカとの間で貿易摩擦問題が燃え盛ったことで、スーパーカーブーム直後の78年、自動車の関税はすべてゼロにされた。

が、60年代には、まだ関税があった。

その率は、65年当時、普通乗用車で35％。日本政府は、輸入車に高い関税をかけることで、国内の自動車産業を保護していたのだ。

もうひとつは、物品税だ。

平成元年、物品税は廃止され消費税に移行したが、昭和時代は、ぜいたく品には物品税が課せられ、自動車はそのかっこうのターゲットだった。

中でも、73年までは〝高級乗用車〟というカテゴリーが存在し、その物品税率は40％と、非常に高率だった。

ちなみに高級乗用車の定義は、61年から73年までは、「ホイールベースが３０５センチを超えるもの、または排気量が３０００ccを超えるもの」だった。今なら、日産の主力エンジン・ＶＧ35搭載車はすべて高級乗用車になり、エルグランドもフーガも全部、４割もの物品税を取られることになる。

この関税＋物品税によって、68年当時、フェラーリ３３０ＧＴＣを日本に輸入すると、それだけで約2倍にせざるを得なかったことがわかる。

それでも３７７万円が１４００万円というのは4倍近い値段であり、あまりにも高いが、輸送費や日本の法規に合わせるための改造、そして利幅等で、最終的にこんな値付けになったのだろうと想像できる。

この１４００万円という値段は、消費者物価が4分の1だったことを考えると、現在で言えば５６００万円前後に相当することになる。これでは数が売れるはずがない。

『カーグラフィック』誌記載の３３０ＧＴＣ試乗記によると、１９６８年当時、日本にフェラーリは、たった3台しかなかったという。

たったの3台である。

73年のディノ246GTでも900万円だ。この間にオイルショックが襲い、物価が急上昇し、クルマも大衆化が進んだことを考えても、約3倍、現在で言えば2700万円くらいの感覚だろう。とてもじゃないが、一般の人間はディノなど貴重すぎて、「うおおおお、幻の多角形コーナリングゥゥゥ！」などと叫んで走らせることなどできようはずもない。

時代が下ってスーパーカーブーム当時は、V8モデルが約1300万円、12気筒モデルが1700万円だった。この頃はずんずん物価が上がり、消費者物価指数は現在の約半分まで上昇した。つまりV8が約2600万円、12気筒が3400万円くらいの感覚だ。

当時すべてのフェラーリは、今で言うF40、F50クラスの、超弩級の超高価格車だったわけだ。スーパーカーショーで見せびらかすだけのことはある。

そして、80年代以降は、円高傾向の恩恵もあって、V8が約1500万円、12気筒が2500万円で安定し、ほとんど値上がりはしていない。しかし物価は90年あたりまでは上がり続けたから、相対的にフェラーリの価格は下がった。おかげで大衆化が進み、90年代のバブル崩壊以降は、ついに私のような人間も買えるようになってしまった、ということか。

日本第1号のフェラーリを持ち帰ったのは、この私です

ここまで調べた時、『ベストカー』編集部の読者投稿欄宛てに、ものすごいFAXが届いた。

みんなの駐車場係御中
フェラーリ曼陀羅の記事
貴誌11月10日号172ページを読んでいたら、日本上陸第1号のフェラーリの件が目に入りました。
私が三井物産（株）イタリア駐在員の当時、ミラノのディーラーで1960年型のFerrari250GT Cabriolet pininfarinaを購入し、帰国の時に日本に持ち帰りました。このクルマが日本上陸第1号のフェラーリです。
日本に到着した後、友人でもある元レーサーの式場氏のテレビ番組に取り上げられ、車と一緒に出演したこともありました。取り敢えずご参考にしてください。
佐藤幸一

「帰」という字が旧自体……。記されていた住所は、港区の某超高級住宅地……。「みん駐」宛てに、こんなとんでもないＦＡＸが届くなんて！

なにしろ「みんなの駐車場」だ。学級新聞にロイター社から外電、というようなミスマッチ感だ。

ひょっとしてイタズラじゃないだろうか。疑わない方がおかしい。

しかし、あまりにも信憑性《しんぴょうせい》の高そうな内容だ。

三井物産イタリア駐在員当時に現地で買って、日本に持ち帰ったなんて、「なーるほど！」としか言いようがないし、帰国の帰の字が旧字体なのもホンモノの香りが。住所がさりげなく港区の超高級住宅地なのも、真実の香りがプンプンする。

それにしても、何年かかけてでも探そうと思っていた人が、あっと言う間に見つかってしまうとは。ついていると言うか、拍子抜けと言うか。

とにかく、お会いして話を聞かなくてはいけない。私は動悸を抑えつつ、記されていた番号をプッシュした。

「はい、もしもし」

電話に出たのは、中高年とおぼしき女性だった。奥様だろう。緊張しつつ電話の意図を説明すると、

「いま奥様に代わりますから」

げっ！　口調からして明らかにメイドさん、いや「ばあやさん」と言った方がいいのか。

奥様は、ご主人は会社だとの仰《おお》せ。うーむ、経営者にせよ、まだ出勤なさっているのか……。

２５０ＧＴカブリオレ　ピニンファリーナを買ったのが１９６０年ということだから、仮にその

時点で40歳なら、現在82歳のはず。そろそろ悠々自適かと想像していたのだが。

で、即座に会社の方に電話すると、佐藤さんはちゃんといらっしゃった。

私は、是非インタビューさせていただきたいとお願いした。

「はい、いいですよ。割合暇ですから、いつでも。場所はどこがいいですか」

「あの、できればご自宅にうかがいたいのですが」

私は、佐藤幸一さんのご自宅も、後学《こうがく》のため是非拝見したかったのだ。

「自宅ですか。自宅なら、土曜日ですかね」

フェラーリ250GTカブリオレ ピニンファリーナ。2953cc、V12エンジン搭載。

「では、次の土曜日では？」

「いいですよ。明後日ですね」

「あ、もう明後日ですか！　うわー」

ということで、無茶苦茶簡単にインタビューもさせてもらえることになった。苦難のノンフィクションにするつもりだったのに、こんなに簡単でいいんだろうか……。

当日。

狭い坂道を上がると、名門女子大がある。

その正面のマンションですから、と佐藤さんはおっしゃった。

地図で見ると、戦艦大和のようにデカいマンションだった。

お隣はソニー創設者の邸宅。

その向こう側に、そのマンションはあった。

こわ……。

ものすごい威圧感。玄関は防弾ガラスか。この構えを見ただけで、セールスやピンクチラシ配りは回れ右をするだろう。

恐る恐る玄関の前に立つと、自動ドアがすーっと左右に開いた。瞬間、管理人が厳しい視線を浴びせる。プレッシャーに負けないように部屋番号を押す。

インターホンから、電話と同じ佐藤さんの声が響いてきた。

「それじゃ、手前から3番目のエレベーターに乗ってください」

手前から3番目……。いったい何本エレベーターがあるんだ⁉

目もくらみそうな大理石張りの廊下を奥に進んで、3本目のエレベーターに乗る。エレベーター1本につきワンフロア一部屋ずつという構造のようだ。この奥にあと何本エレベーターがあるのかちょっと知りたい気もしたが、たぶんあと2本くらいだろう。合計5本か。

最上階でエレベーターが止まった。

ドアが開いた。

ピカーッ！

とてつもない金持ちオーラがオレを襲い、視界が金色一色に染まったような気がした。

エレベーターを降りたそこはもう、佐藤幸一氏ご自宅の玄関。強烈な花柄のインテリアの中、シックな超高級素材の服（多分）をお召しになった御本人がお立ちになっていた。

「どうぞ」

同じく強烈な花柄が支配するリビングに、ロココ調（か？）の家具。広さは40畳くらい（畳で計算する自分が情けない）。ゴージャスすぎてなんて形容したらいいのかわからないが、とにかくそこは別世界だった。

「本日はありがとうございます。それにしても、「みんなの駐車場」宛にあのようなＦＡＸを頂き、本当に驚きました」

「……あのね、私は、『ＥＮＧＩＮＥ《エンジン》』は必ず買うんですよ」

佐藤さんはゆっくりした口調で、そうおっしゃった。

「『ＥＮＧＩＮＥ』ですか」

「あと、『ベストカー』をたまに」

ガクー。『ＥＮＧＩＮＥ』と『ベストカー』！　なんという両極端！　シブすぎ！

その瞬間私は、佐藤さんがただの金持ちではないことを悟った。

『ＥＮＧＩＮＥ』と『ベストカー』とはまさに、自動車雑誌の両極である。両極を押さえれば全体が見えるということだろう。これだけの大金持ちでありながら、しっかり『ベストカー』を押さえているとは、タダモノではない。

「佐藤さんは、小さい頃からクルマがお好きだったんですか」

「いや、私らが小学生の頃は、みんな国民服とモンペで、食べる物もなかったですから。そこに突然、かっこいい白人が入ってきて、一緒にクルマもジャズもチューインガムも、みんな入ったわけですよ。それはもう、すごいカルチャーショックでしたね」

物腰が柔らかく、終始穏やかな表情で当時を振り返る佐藤氏。計算では26歳でフェラーリを購入！

「あの、失礼ですが、おいくつですか」

「68です」（※2002年秋の取材当時）

68歳……。思っていたよりはるかに若い。つーことは、フェラーリを買ったのは何歳だ？　計算する間もなく、インタビューはゆっくりと進んだ。

「……私は成城中学から慶応高校に行きまして、裕次郎とは同級生です」

またも出たか成城。コーンズの窪山部長も成城だったが、徳大寺さんもそうだし、どうも成城という学校は、日本のクルマ黎明期と極めて深い縁があるようだ。

ちなみに私も慶応高校出身だが、フェラーリと慶応高校は極めて深い縁がある……と言ってもいいのだろうか。

「慶応の同期に、中村正三郎ってのがおりましてね。これがえらいクルマ好きで。中村正三郎って、ご存じですか」

聞いたことがあるような気がするが、歌舞伎役者だっけ……。

「こないだ法務大臣やってたんですがね。シュワルツェネッガーのサインをどうしたとかで、辞任しましたけど」

「は、は〜あ」

全然違った。元大臣だったか。

「彼と一緒に、ＳＣＣＡという集まりに行くようになりまして」

ＳＣＣＡとは、スポーツ・カー・クラブ・オブ・アメリカのことのようだ。

「当時のスポーツカーと言えば、アストンマーチンとか、ＭＧと、あとはアメ車いうのが相場だったんですが、慶応で1年上に、○○病院の息子がいましてね」

「はい」

誰でも聞いたことがある大病院の名前である。

アストンマーチンDB4 GTザガート

ポルシェ356

メルセデスベンツ300SL

「……それが、日本で最初にポルシェを買ったんですよ。356ですが」

「はぁ!? それは、いったい何年くらいのことで？」

「えーと、1954年ですね」

「そ、そんなに昔ですか！」

「当時はまだ外貨割当が厳しくて、なかなか買えない時代だったんですよ。どういう訳か彼、ポルシェを買いまして、まだ学生ですよ」

「げえっ！」

まだ学生で、日本初のポルシェオーナー……。なんじゃそりゃ……。

「ポルシェで大学に来るのを見て、みんなでウヘーとなったわけですよ。その後、○○鉄鋼の息子が、56年のベンツのガルウイングを持ってきたんです」

「300SLですか……？」

「そうですね」

裕次郎が乗ってたヤツを、裕次郎より先に乗っていたのか。なんちゅー世界……。

「そんときもすごかったですね。当時ようやく、トヨペット・クラウンとか、ダットサンとか出たくらいですから」

そりゃ当時じゃなくても十分すごいだろ、ポルシェ３５６とメルセデス３００ＳＬなら！　それを学生が……。どういう学生じゃ。私も慶応を出たが、そんな友人はまるでいなかった……。それでも慶応はお坊ちゃま学校とか言われていたが、昔に比べたら相当大衆化したってことか。

「それで、その頃、ポルシェとベンツ以外に、イタリーにフェラーリってのがあるらしいぞ、となったんです」

「そ、それはいつくらいで？」

「……大学を卒業してすぐくらいですね」

68歳の佐藤さんは、１９３４年生まれか。足す22で56年。○○鉄鋼の息子が３００ＳＬを買った翌年くらいに、ついに佐藤さんの周囲の超絶金持ち慶応生軍団の中に、フェラーリ情報が届いたようである。

「ＳＣＣＡの中で、フェラーリというのはどうも12気筒で、これがすごく形がいいんだという話でね。当時はまだクルマ雑誌もあるかないかで、情報がなかったものですから、全部噂話なんですよ」

噂にしても、最初に届いたのは、12気筒で形がいいということ。うーむ、フェラーリのキモはエンジンとスタイルというのは、当時からまったく不変なのだな。

「卒業して三井物産に入って、海外駐在の試験がありましてね。これに受かって、どこに行きたいと聞かれたんですよ」

いよいよ核心が近づいてきた。

「偉くなりたい奴は、当時はロンドンとか、ニューヨークって言うんですけど、私はサラリーマンで偉くなったってしょうがないと思ってましたから」

サラリーマンで偉くなったってしょうがない……。生まれながらの大金持ちにしか言えない言葉であろう。

フェラーリ、即金にてお買い上げ

「フェリーニの『ドルチェ・ヴィータ』、ご存じですか」

佐藤さんは私にそう問いかけた。フェラーリではなくフェリーニである。

「あ、『8½』や『道』は見ましたが……それは見てません、すいません」

「……あれを見て、イタリーってのは凄いなと思いましてね。我々の憧れてることをやってるじゃないかって」

このインタビューの後、私は早速ビデオ屋にて『ドルチェ・ヴィータ』(邦題『甘い生活』)を借りて見たが、トライアンフTR2を乗り回す作家崩れのゴシップ記者・マストロヤンニが、ローマの爛《ただ》れた上流社会の生活にのめり込んでいくという映画で、21世紀の現在見ても、あまりにも遠い世界すぎて、私が憧れるもクソもない内容であった。

「それに、フェラーリもありますしね。駐在するならイタリーがいいって言ったら、イタリーがいいなんて言う奴は珍しいから、じゃお前行ってこいということで、60年にイタリーに赴任したんですよ」

なんかものすごく簡単にイタリア行きが決まったように聞こえるが、錯覚だろうか。

「最初はペルージャにあるイタリア語学校に通ってたんですが、そこにベンツに乗った日本人が来ましてね、仲良くなって、それじゃミラノに行こうとなって、彼のベンツに乗って、ハイウェイを走っていたら、ものすごい勢いで抜いていったクルマがあったんですよ。あれはなんだ、となりましてね」

むむむむむ。

「次のパーキングで止まったら、そのクルマも偶然、いましてね。それがフェラーリだったんですよ」

やっぱり。

「モデルは、２５０ＧＴでしたね。本当に凄い勢いでね。これはやっぱり、フェラーリを買わなきゃなと思いましてね」

なるほど。

「それで、ミラノのディーラーに行ったんですよ」

いきなり行く。

60年代のミラノ。ドゥオモ広場に面したガレリア。

「それで、クルマを買いたいんだけどと言ったんですよ」

いきなり言う。

「……わかってないんですよ（笑）。とにかくフェラーリならいいだろうと思ってね」

わかってない。

「どれをすすめるかって聞いたら、これだと言われたのが、250GTカブリオレ　ピニンファリーナでして。これがいいって言うんですよ」

いいって言う。

「じゃ、それでいいやと」

ブワッーハハハハハハハハハハハハハハハハハ！　ハハハハハハハハハハハ！

しばしの爆笑の後、オレは佐藤さんに尋ねた。

「あの、おいくらくらいだったんでしょうか」

「……600万くらいですね」

６００万。

『別冊ＣＧ　ＦＥＲＲＡＲＩ』によると、62年のフェラーリ２５０ＧＴ　カブリオレの価格は、５８０万リラ（３３６・４万円）となっている。実はこの時、佐藤さんのおっしゃった「６００万ぐらい」がリラだか円だかを聞き忘れ、ひょっとして５８０万リラという価格は、エンジン＆シャシー価格で、スカリエッティのボディをつけると６００万円になるのかと疑ったのだが、５５０万リラの２５０ＧＴ　ＳＷＢのニューヨーク渡し価格が１万２９００ドル、つまり４６４万円となっていたので、５８０万リラも完成車価格と推定される。よって、「６００万ぐらい」はリラと考えることにする（あるいは当時のイタリアでは奢侈税がドバッとついて、乗り出しで６００万円くらいになったのかもしれないが）。

「６００万というと、今で言うと６０００万円くらいですか？」

「いや、２０００〜３０００万円ですね」

調べたら、１９６０年当時はラーメンが一杯50円、消費者物価指数は今の６分の１余り。それでいくと、確かに２０００万円くらいということになる。

「そ、それは、即金で？」

「ええ。それくらいはありましたから」

それくらいはあった。

私はそれ以上は怖くて突っ込めなかった。なぜなら、その時佐藤さんはまだ26歳だったのである。いくら三井物産イタリア駐在員、いくらエリートとは言え、26歳で、今の値打ちで約2000万円相当のフェラーリを、「それくらいありましたから」で……。

「あの、写真はお持ちでしょうか」

「……実はね、1枚しかないんですよ」

佐藤さんが取り出したモノクロ写真は、まぎれもなく、ハードトップを装着した250GTカブリオレ ピニンファリーナで、しかも品川ナンバーがついていた。

うおおおお……!

これは日本に持って帰ってからの写真だ。私は心の中でつぶやいた。(すんげー……!)

「すぐに、買って間違えたと思いましたね」

「え、それはどういう意味で?」

「……当時のヨーロッパは、今と違って、人種差別があったんですよ」

それはあっただろう。

「イタリア人は、日本人なんて知らないんです。我々を見ると、チネーゼチネーゼ、つまり中国人って、馬鹿にするんですよ」

今でも若干するようだ。

「というのは、イタリーはヨーロッパ中から馬鹿にされていましたから。ですからイタリー人は、そのはけ口として、我々東洋人を馬鹿にしたんです」

今でも若干、イタリアはヨーロッパで野蛮人扱いされていると聞く。特に運転に関して。フランスでレンタカーを借りると、イタリア入国は禁止だったりする。

「私は、フェラーリやマセラティがどういうクルマか、わかってなかったんです。当時は今と違って、階級社会だったんです」

「はあ」

「薩摩治郎八《さつまじろはち》って御存じですか」

「は……。存じません。すいません」

知らないことばっかりだ。

「クルマが最も華やかだった時代は、１９２０年から３０年代なんですよ。その頃パリの社交界では、プリンスやバロンやらが、すごいクルマに乗って、贅《ぜい》を競っていたんです」

それは聞いたことがある。当時の高級車はすべてワンオフの手作りだったとか。

「その頃、薩摩治郎八という日本の富豪の息子が、パリで贅沢三昧《ぜいたくざんまい》をやって、ロールスロイスを銀で造らせて乗っていたんです。そういう時代でした」

「は、ははあ～」

フェラーリに乗っていれば「東洋の王子様」

インタビュー後調べたところ、薩摩治郎八は綿布の輸入で巨万の富を築いた近江商人の3代目で、19歳で渡欧し、芸術家のパトロンとして湯水のように金を使った男だった。その振る舞いが貴族的だったせいか、「バロン薩摩」としてパリ社交界の寵児《ちょうじ》になり、日仏交流に多大な貢献をしつつ、30年間で薩摩家の莫大な財産をすべて蕩尽《とうじん》したという。

「でも、フランスでは戦後、そういうのが一切なくなってしまったんです。それで、クルマの全盛期は終わったんです」

「もう終わっちゃったんですか!」

「ええ。でもイタリーは遅れてましたから、そういうのが戦後まで残っていたんです。ですから、1台1台手作りのフェラーリやマセラティは、まだ貴族階級のクルマだったんですよ」

「はぁ〜、なるほど」

「はぁ〜(そ、そんなぁ……)」

「フェラーリの全盛は、50年代から60年代にかけてですね」

「その頃までは、貴族階級のためのクルマで、まだありがたみがありました。でもね、当時はF1よりも、スポーツカーレースの方が人気があったんですがね」

「そのようですね」

「ル・マンでフォードに負けたでしょう」

「はい」

１９６６年、フェラーリはＰ３でフォードＧＴ40に完敗した。

「あれで終わりました」

「わっははははは〜（そんなぁ……）」

「アメリカ車のピークも、50年代ですね」

薩摩治郎八。夫人とパリで旅行途中の船上パーティーにて。

ル・マンでフェラーリを打ち破った、フォードGT40。

「それは、確かに」

「フォードがル・マンでフェラーリに勝って、ムスタングを発売したでしょう」

「はあ」

「ムスタングを見て、亀倉雄策という日本の有名なグラフィック・デザイナーがですね、東京オリンピックのポスターを作った人ですが、『アメリカ車はもう終わった』と言ったんですよ」

「はあ」

「僕は今1台、全盛期のアメリカのクルマを持っていますけど」

佐藤さんの愛車の一台、フォード・クラウンビクトリア。

「それはなんというクルマで?」

「55年のフォード・クラウン ビクトリアというんです」

「全然知らないです……」

「僕も若い頃、アメリカのクルマに憧れてましたから。それで5~6年前に買いました」

「なるほど」

「60年当時、イタリアでは、フェラーリと同じくらい、マセラティが走っていたんですよ。それがなぜか、最初はわからなくてね」

「フェラーリの方が性能がいいのにですか？」

「そうですね。でも、マセラティの方が歴史が古いんですよ」

「確かにフェラーリは、当時はまだ〝彗星《すいせい》のごとく現れた新興スポーツカーメーカー〟だったとか。なにしろ創業は、本田技研と1年違いですよね」

「そうです。フェラーリはメーカーとしては戦後です。ですから貴族は、歴史が古いマセラティを好んだんです」

「ははあ」

「それでも、フェラーリに乗っていると、スタンドでもレストランでも、扱いが全然違っちゃうんですよ。やっぱり、貴族階級が乗るクルマですから」

「あの、ひょっとして佐藤さんは、元華族の血筋とか、そういうことでは？」

「そうじゃないから大変だったんですよ」

「……そ、そうなんですかぁ？」

「扱いが違うと、やっぱりそれなりのことをしないといけないでしょう」

「はあ」

「それが大変だったんです」

「あのー、大変根本的な疑問なんですが、そのような貴族階級のクルマを、佐藤さんはミラノのディーラーで『じゃこれでいいや』とおっしゃってお買いになられたわけですよね（笑）。それって、くれと言えば売ってくれるもんだったんですか？」

「それはね、わからないから。東洋の王子かなにかだと思ったんでしょう」

ガーン！

ステキだ。ステキすぎる。

薩摩治郎八がパリで「バロン」と呼ばれたように、フェラーリを買いに来る日本人は、自動的に東洋の王子ということになったのか……。

「それじゃ、フェラーリに乗っていれば、どこへ行っても東洋の王子扱いなわけですか」

「まあ、そうですね」

佐藤さんのお顔を拝見していると、どうも元華族にしか見えないのだが。

「それでは、佐藤さんにとって、フェラーリはどんなクルマだったんでしょう」

佐藤さんは間髪を入れずお答えになった。

「乗っちゃいけないクルマだったです。フェラーリと、それからロールスロイスなんかは、本当は乗っちゃいけないクルマでした。王様や貴族ならいいですけど、私はそういうんじゃないですから」

「でも、イタリア駐在中は、ずっと乗ってらっしゃったのでは」

「ええ。乗ってました」

あらら。

「何年間でしょう」

「えーと、65年に帰国するまでずっと持ってました」

「5年間。結構長いですよね……」

私が最初に乗った348が5年半。あれはひとつの人生と言っていいほど、濃縮された時間だった。60年代のイタリアで、フェラーリとともに過ごす5年は、気絶するほど濃厚だったのではないだろうか。

「あまり目立たないように乗ってました。とにかくフェラーリに乗っていると、扱いが別格になっちゃうんで、合わせるのが大変でした」

まあ私も、合わせるのが若干大変だったが……。

「どのように使ってらっしゃったんですか?」

「ヨーロッパ中、走りましたよ」

げえっ!

なんちゅー華やかな……。60年代にフェラーリでヨーロッパ中を走り回ったなんて。それって東洋の王子そのものじゃん!?

「当時ヨーロッパ中をフェラーリで走っていると、どんな感じだったんでしょう」

「そうですね……。イタリーでは、誰もフェラーリには挑んで来ないんです」

「アウトストラーダを飛ばし放題ですか」

「ええ。イタリーは、速度無制限ですから」

イタリアは一応制限速度130なんだが、誰も守ってないというか、誰もそれを知らない状態は、昔からのようだ。

「どれくらい出されたんですか」

「……200キロくらいですね」

今でこそ200キロと言っても誰も驚かないが、1960年の話だ。日本車が200キロ出るようになったのは、せいぜい80年代からこっちである。

「フランスはけっこう厳しいですね。スイスなんて、ベルトコンベアーに乗っているように行儀よく走らないといけなかったですね。スイス人は、イタリー人なんて野蛮人だと思ってましたから（笑）、イタリーのナンバーというだけで、野蛮人扱いでした。ドイツ人は田舎者扱いですし、その点、イギリスナンバーが一番、一目置かれる感じでした」

その差別は、大宮や袖ヶ浦《そでがうら》ナンバーとはまた別種の、根の深いものだっただろう。

「イタリア以外で、フェラーリだということで勝負を挑まれるようなことは？」

「……ドイツでは、ベンツが挑んできましたね。やっぱりプライドがあるんですね。ただ、フェラーリのカブリオレを、オープンにして走って一番気持ちいいのは、スイスと、そうですね、コートダジュールでした」

カンペキ東洋の王子じゃん……。

「ところで、250GTカブリオレ ピニンファリーナは、性能的にはどんな印象だったんでしょう」

「……」

しばしの沈黙があった。

「乗ってましてね、重いですね。図体大きいですから。アメリカ車なんかに比べて、全然トルクがないですから」

ガーン！

「佐藤さんは、イタリア赴任前、日本ではアメ車に乗ってらしたんですか」

「そうですね。コルベット、サンダーバード……。アメリカ車にはいろいろ乗ってました」

まだ日本が貧しかった50年代、20代前半の若さでそんなにいろいろ……。どーなってんねん。

「ですから、圧倒的なスポーツカーという感じはなかったですね。グランツーリスモ的で。最高速は出ましたけど、重かったですから。排気量が3リットルでは、ちょっと足りない感じでした。友人がアルファの2リットルの4ドアに乗ってましたけど、そっちの方がよかったですよ」

そ、そんなぁ！　当時のフェラーリなんて、一般の日本人から見ればUFOそのもの、天上界のパフォーマンスを持っていただろうに！　それを「ちょと足りない感じ」で片付けるなんて、夢も希望もないじゃないっスかぁ！　と思ったが、佐藤さんは、冷静かつ淡々と振り返るのみだった。

「250の、ショートホイールベース（SWB）なら、もっとバンバン走ったんでしょうけどね」

私は先日、ついに250GT SWBに少し試乗することができたが、なにしろボディが恐ろしく軽いから、私の愛車・F355スパイダーにも遜色《そんしょく》ない、すばらしい加速を見せてくれた。それは、40年前の日本人からすれば、「バンバン走る」なんてレベルではなく、空を飛ぶ、あるいは月に行くと言うような超常現象クラスだったはずだ。今でも私は、マセラティ430やシトロエン・エクザンティアからF355に乗り換えると、空飛ぶんじゃないかと思うほど速く感じるのであるからして。

しかし、日本人として初めてフェラーリをお買い上げになった佐藤さんは、そのように淡々と評するのであった。

日本で乗っていても、誰も気付いてくれない時代

私は半《なか》ば呆然としつつ、話題を変えた。

「さきほど、フェラーリに乗っていると、東洋の王子扱いで大変だったとおっしゃいましたが、普段の足には、別にクルマをお持ちだったんですか」

「ええ。フィアットを持ってました。フィアット1500ピニンファリーナです」

これがどんなクルマか、咄嗟《とっさ》にはぜんぜんわからなかったが、家に帰って調べてみたら、フェラーリ250GTピニンファリーナのほとんど相似形、縮小版の、小粋なカブリオレだった。今で言えば、F355スパイダーとフィアット・バルケッタを使い分けているようなものだ。

「とにかく、40年前は、フェラーリは普通の人は乗っちゃいけないクルマだったんですね。どっかの貴族が、奇麗な女を乗せて走っているのを眺めたり、そういうのがよかったな、と思いますね」

そう言われればそういうのは、クルマの世界ではもう見当たらないかもしれない。いまやロールスロイスを見たところで、ヤクザかパチンコ屋の社長かとしか感じない。

「今はフェラーリも、ヴィトンやエルメスと一緒ですから。40年前のヴィトンやエルメスは、普通の人は入っちゃいけない店だったんです」

「はあ。フェラーリも、今や私とか、この市原も乗ってるくらいですから」

佐藤さんは脇でかしこまるヨレヨレの服を着た『ベストカー』の担当編集者・市原をご覧になり、少しだけ驚いた様子で、「あ、そうですか」とおっしゃったが、話を続けられた。

「ミラノのモンテナポレオーネ通りに、コーバという喫茶店があるんですが、我々はそこでよくお茶を飲んでいたんですよ。で、三井物産の女子社員、イタリア人ですけどね、連れてったことがあるんです。でも、『ここは私の来るところじゃない』って、入らなかったですね。喫茶店ですよ。当時はそういうのがあったんですよ」

「はあ〜」

「それが、ヴィトンにもエルメスにも、いつの間にか日本人がどっと行くようになって、その後韓国人、台湾人、中国人と続いて、目茶苦茶になりました」

ぶわっーはははははは！

私や市原がオーナーになって、フェラーリも完全に目茶苦茶になったんだなあ……。

「私がイタリアにいた当時、もうフランス人は、クルマに対する興味を失ってました。イタリーは20〜30年は遅れてましたから、まだそういうのがあったんですけどね。日本は、そっからさらに20年くらい、遅かったですね。20年くらい前がピークだったですかね。そういうのを見るにつけ、国の進歩があるんだなと思います」

なるほどぉ……。

「ところで、5年間の赴任を終えられて、日本にそのフェラーリをお持ち帰りになったわけですよね」

「そうです」

「それは、手続きやなにやら、ものすごく大変だったんではないでしょうか？」

「いえ。ジェノバで船に乗せただけです。簡単でした」

「え!? 関税などは？」

「むこうで2年以上乗っていたという証明書があれば、関税はかからなかったですね」

そ、そうなのかぁ！　ス、スバラシイ……。

「で、日本にお持ち帰りになられて、いかがでしたか」

「……」

しばしの沈黙があった。

「まあ、『平凡パンチ』に載ったり、式場《しきば》壮吉《そうきち》さんのテレビ番組に出たりしましたけど」

「それは、どのような感じで？」

「……フェラーリってクルマが、日本に来ました、っていうことでね」

なんとアッサリした……。

「でも、当時の日本の一般大衆は、フェラーリなんて知らなかったんじゃないですか？」

「ああ、もちろん知らないです」

「じゃ、日本で乗ってても、誰も気づかないし、誰も振り返らなかったり、ですか？」

「それはそうです。無関係です」

まったく柳に風である。

「まあ、あれです。ポルシェと、ベンツでは、先を越されましたから、じゃあ俺はフェラーリをということでね。それなりのインパクトはありましたよ、グループの中ではね」

はあ〜……！

学生でありながら日本で初めてポルシェを買ったり、卒業早々３００ＳＬを買った超お金持ちボンボン軍団の内輪では、佐藤さんのフェラーリは「それなりのインパクトはありました」だったと。

それだけだと。

ものすごい上流階級のお遊びだ……。

「で、その後売ってしまわれたんですね」

「ええ。2年くらいですか。知り合いに譲ってほしいと言われて、売りました」

「思い入れのようなものは、なかったんですか」

「……特にないですね。というのも、あまり気に入ってなかったんですよ」

ガーン！

「ピニンファリーナのデザインでしたけど、意外と、デザイン的に気に食わない点がありましたから。いろいろ好きじゃないところがあったんです」

そ、そんな……。

「それで、まあいいやってことで、譲りました」

佐藤さんは、静かに立ち上がると、とてつもなくゴーカな家具の上から、一冊の写真集を手に取り、ページをめくった。そこには、一台のクラシックフェラーリの美しい姿があった。

「私は、これだったら、ずっと持ってただろうなと思うんですけどね」

「これは、250GTのスパイダー　カリフォルニア……ですよね」

「ええ、でも違うんです。これはベルギーの王様のためにワンオフで作ったやつなんです」

「はあ〜」

「これだったら、本当にきれいですからね。文句ないです。カリフォルニアでも、売らなかったかもしれません。でも、ちょっと高かったんです。それで、手が出なくてね」

「あの、佐藤さんは、クルマを選ばれるのは、スタイルですか」

「そうですね。スタイルです」

288GTOを大事に持ってるエディ・アーバインも、「フェラーリのどこが好きなんですか」という私の問いに、「ビューティ。それだけさ」と答えたものだ。

「ただね、フェラーリは、やっぱり飛ばして意味があると思いますよ」

「はい」

「日本でフェラーリに乗っていても、飛ばせないでしょう」

「いや……そんなことはないですが」

アクアラインとか湾岸とかありますから、と言おうとしたがやめた。

「私は日本の高速道路は、絶対走らないんです。追い越し車線からどかないですから。やっぱりフェラーリは、200以上でコン

フェラーリのオープンの中でも珠玉の出来栄えと誉れ高いスパイダー カリフォルニア。

スタントに走るとかしないと、しかたないです。ただフェラーリに乗ってるだけで意味があるのかな、と思いますけどね」

うーむ……。

「あなたは、フェラーリに乗ってて、楽しみはなんですか」

佐藤さんが初めて私に問いを発した。

「いや、私は、なんと言っても音を一番楽しんでます。飛ばせなくても、音を聞いているだけで十分なんです」

「ああ、音ね。確かにフェラーリは、全然別の音がしましたね。ご存じですか。フェラーリ・サウンドって言うでしょう。あれを最初に言ったのは、カラヤンですよ」

「そうなんですか！」

「カラヤンも昔、大変なフェラーリ好きでね、それでフェラーリ・サウンドって言ったんです」

「は～、そうだったんですか」

しみじみ勉強になるインタビューだなあ……。

「佐藤さんは、今のフェラーリの音をどう思われますか」

「今のは、ああ、エンジンの音がしてるな、としか思いませんね」

ガーン！

私は２５０ＧＴ　ＳＷＢに実際乗ってみて、音に関してはＦ３５５の方がいいと思った。まあ、

Ｆ３５５はマフラーだけで出してる音で、ＳＷＢは吸気音やメカ音もシンフォニーに参加してて奥深かったけれど、どっちが耳に心地よいかと言ったら、断然Ｆ３５５だったんだが……。

「今、あなたはなんというモデルに乗ってるんですか」

「私は、Ｆ３５５のスパイダーというのに乗ってます」

「ああ、あれはいいじゃないですか」

「えっ⁉　そうですか？」

「３５５ってのは、僕は好きですよ。デザイン的に完成されているなと思います」

「ホントですか！」

「かっこいいですよ。こぢんまりしてて」

意外な展開だ。

フェラーリF355

「モデナの方が派手ですよね」

「はい」

「あれは、新しいのが出たら、必ず飽きられますね」

「はあ〜。私はモデナもいいなぁ、と思っているんですけど、このままＦ３５５に乗ってた方がいいかな？」

「そう思いますよ。たまにそういうこと、あるんですよ。長く持ってて得した、ということが」

「ははあ」

なんだかうれしくなってきた。現代のフェラーリを全否定しているとばかり思っていた佐藤さんが、F355をほめるなんて。（※その後私は、360モデナに買い替えてしまったが）

「佐藤さんは、250GTカブリオレ ピニンファリーナを売られてから、その後フェラーリを買われたことは？」

「ないです」

即答だった。

「以来一度も買わなかったんですか！」

「ええ、買いませんでした」

日本人として初めてフェラーリを買った方が、二度と買わなかったというのは、あまりにもアッサリしすぎている。

「それは、なぜでしょう」

「もともと乗っちゃいけないクルマでしたから」

重い言葉だ。しかし、返さなければならない。

「そんなフェラーリに、今や、私のような者が乗っているわけです。申し訳ないことに。でも、さすがにそんなことが許されるのは、日本だけだと思うんですよ。治安も、悪くなったとは言ってもまだまだいいですから。盗難、少ないですし。私は、私みたいな庶民が、フェラーリという高貴なクルマに乗ることを許される日本の大衆社会はスバラシイと思って、常々感謝しているんです」

「……なるほどね」

佐藤さんは静かにお答えになった。

「そこまで割り切っちゃえば、いいかもしれませんね」

佐藤さんはかすかに頬をゆるめながら、こう続けた。

「最近、テレビで見たんですけどね、銀座と六本木の夜の女に、一番人気のある腕時計はなんだと思いますか」

「えっ……、えーと……」

「フランク・ミューラーですよ」

「ああ、あの日本ハムの御曹司《おんぞうし》が、謝罪会見の時につけていて、あんな時に何百万円もする時計すんな！　とか言われたやつですね」

「そうです。あの人はお洒落《しゃれ》なんですよね。それじゃ、その女の子たちが、クルマは何がいいと言ったと思いますか」

「えーと……。なんでもいい〜、という感じでしょうか」

「セルシオですよ」

なあるほど。

「日本もフランス化したんです。クルマなんかどうでもいい、ということになったんだと思います。女性が、トヨタ車が一番いいと言うんですから」

それは同感せざるを得ない。しかし、佐藤さんもフランス化したんだろうか。日本上陸第1号のフェラーリに乗って、それでもうクルマには醒《さ》めてしまったんだろうか。

「あのー、ところで、佐藤さんは、現在は何に乗られてるんですか。あの古いアメリカ車以外には」

佐藤さんは少し間を置いて、ゆっくり説明を開始した。

「私はですね、アルマーニが好きで、よく買いに行くんですけど、ある日、店の前に、黒いポルシェの996が止まってたんですよ。それを見て、ああきれいだな、と思って、デザインだけで買いました」

「……ははぁ」

「内装には200万くらいかけちゃったんですけど」

うむむむ……。

「他には？」

「あのね、あれがあります。レガシィB4」

「レガシィですか!?」

「あれは面白いクルマですね。あれに乗っちゃうと、別のクルマに乗れないですよ」

うおおおおお。

「アクセルに敏感に反応するし、都内を走ってるとスリル満点でね。フェラーリじゃ、そんなに踏めないでしょう。レガシィなら踏めますから、楽しいですよ」

すごいぞ佐藤さん。

「それと、前言った、55年のフォード・クラウンビクトリアと、それから、シビックを持ってます」

シ、シビックゥ⁉

「すごく好きでね。えーと、20年くらい前のやつです」

「それは、２代目くらいのやつですか？」

「……そうですかね。出てすぐに買って、ずっと持ってます。たまに乗るんですよ。なかなかお洒落ですよ。通りがかりの若い人が、おじさん、これ、洒落てるね、なんて声かけてくれたりね」

悟りだ。悟りの境地だ。

「今はその４台です」

「そ、そうですか。しかしそのラインナップをうかがうと、完全に悟りの境地であると同時に、やっぱり今でもクルマがお好きなんですね」

「好きですね。今は4台にしましたけど、8台持ってた時期もありました」

「8台ですか！　それは、どのような車種で？」

「……ル・マンでフェラーリがフォードに負けたので、ムスタングも買いました。ベンツにも随分乗りましたね。最後に乗ったベンツは、あれです、500Eでした。あれはいいクルマでした」

佐藤さんは、静かに静かにお答えになった。とにかく、とてつもなく深いこだわりをお持ちであるがゆえに、すでに行雲流水《こううんりゅうすい》の境地に達しておられることは明らかだった。

フェラーリは〝安上がり〟な夢か…？

クルマでこの域に達しておられるということは、他の娯楽でも、ものすごい境地に達しておられるのではないか。

「あの、普遍的な男の夢として、クルマの次は船や別荘だと思うんですが。船や別荘は、クルマよりずっと値段も高いですすよね。クルーザーといった方面にはご興味は？」

佐藤さんは、ゆっくりと手を左右に振りながら、静かにおっしゃった。

「船。あれはだめです」

「だめですか？」

「太平洋は波が荒すぎます」

私は背筋に電気が走るのを感じた。

そうか。海と言えば太平洋だけじゃないのか。

「太平洋は台風もしょっちゅう来ますし、危ないです。地中海にはあんな波がないんです」

そ、そうかあぁぁぁぁぁ……。

「地中海で船に乗っていると、内海ですし、いろんな港に寄りながら、港港でいろいろ遊べるんです。でも、日本の海は遊ぶところがないわけで」

なにしろ地中海性気候に属しているので春と秋は暖かく、冬も穏やかなのだ。

があぁぁぁぁぁぁぁぁん。

「20年くらい前、サルディニア島に行ったときですけど、あっちのお金持ちが、ヘリを積んだクルーザーでやってきてましたね。地中海はいいんですよ。でも日本はだめです」

「ということは、やはり所有なさったことはおありなんですね」

「ええ、一度買いましたけど、台風のたびに陸に上げなくちゃならないし、えらい苦労して、ひどい目に遭《あ》いました。日本のクルーザーなんて、何の役にも立ちません。日本で船に乗るなら、漁船をチャーターして、釣りをしているくらいがずっといいですね」

　なるほどぉ……。

「では、別荘は？」

「あれもだめです」

「だめですか」

「行くのが大変です。すぐに馬鹿馬鹿しくなります」

「ということは、当然お買いになったことがおありで」

「ええ。一度買いましたけど、すぐに売っちゃいましたね」

「それはどちらで？」

「伊豆です。伊豆でまだよかったです。バブルの頃、ハワイに別荘を買うのがはやった時期があったんですよ」

　あったのかそういうのが。

「知り合いにも何人か買ったのがいて、ひどい目に遭ってましたよ。ハワイはネズミが多いんですよ。半年も留守にしてると、ネズミだらけでね」

　はあ〜。そうなのか。

「お金が入っても、やっちゃいけないのは、船と、別荘と、それから、おめかけさんですね」

　それは、クルマの向こうにある男の夢の三本柱であろう。

「その3つはやめたほうがいいです。命を縮めます」

すべて経験に基づいた（であろう）お話だけに、佐藤さんのお話には、恐ろしいほどの説得力があった。といっても、多くの男が一度はハマらずにはいられないんだけど。実はかく言う私も、すでに30年ローンで別荘にはハマってしまっているし……。

しかし、その時私はひらめいた。

船も別荘も愛人もダメ。となると、残るのは？

「あのう、そうすると、男の夢として一番現実的かつちょうどいいのは、フェラーリを買うことではないでしょうか？」

船はピンキリだが、ヘタすりゃ10億円単位だ。別荘もピンキリだけど、フェラーリより高いし、そんなしょっちゅう行けるわけじゃない。

でも、フェラーリは１０００万円くらいで買える。３４８なら６００万円くらいだ。それで下取りは高い。フェラーリは日本のクルマ窃盗団にはほとんど人気がないので、セキュリティの心配もさほどない。少なくとも欧米に比べたら天文学的に安全だ。

つまり、１０００万円くらいのお金さえあれば、いや細かく言うと若干の頭金でローンを組んでフェラーリ買って、あとはなんでもいいからそのへんに駐車場さえ借りれば、フェラーリという、男の夢のひとつの究極が手に入ってしまう。乗ろうと思えば毎日乗れる。乗らなくたって眺めてるだけで幸せだ。信頼性も上がっているからメンテにさほどお金はかからない。少なくとも船や別荘や愛人よりかからない。

それって、とてつもなくおトクではないのだろうか⁉

乗りもしないクルーザーや、行きもしない別荘、家庭を破壊する愛人よりもはるかに安上がりで、安心で、楽しみばかりの男の夢。それがフェラーリではないのか！　そういう思いが稲妻のように脳髄を駆け抜けた。

「……ああ、そうかもしれませんね」

佐藤さんは、実にあっさりと同意なさった。完全にひとごとという感じではあったが。


インタビュー後、佐藤さんは、マンション地下の駐車場に我々を案内してくださった。

そこには、フォード・クラウン ビクトリアをはじめとして、ポルシェ996、レガシィB4、そして2代目シビックが並んでいた。

それにしても佐藤さんのシビックのシブさよ。クラシックなドアミラーで、シートはホワイトの本革！　もちろんボディはピカピカ！　こんなお洒落なシビック、当たり前だけど見たことなかった。これなら通りすがりの若者に「おじさん、これ、洒落てるね」と言われるのも当然だ。

「このマンション、駐車場が広いのがいいんですよ。いくらでも借りられます」

「8台持ってらした時も、すべてここに……？」

「そうですね」

この超一等地だ。１台あたり月５万は取られるだろう。それを８台。駐車場だけで月40万かかってたんやんけ！　という大衆的な計算につい感動しつつ、我々は超億ション（バブル期の物件ゆえ購入時には間違いなく10億円クラス）を後にしたのだった。

第2章　日本人がフェラーリを知らなかった頃

日本人初のフェラーリオーナー・佐藤幸一さんのインタビューによって、60年代の日本におけるフェラーリの黎明《れいめい》期を知ることができた。

では、次に訪ねるべき人物は。

それは、式場壮吉氏しかいないだろう。

式場壮吉。1939年、千葉のとある病院のご子息として生まれる。1963年の第1回日本GP、コロナに乗ってクラス優勝。翌年の第2回日本GPでは、自ら購入したレーシングポルシェ、904を駆り、生沢徹《いくざわてつ》のスカイラインGTと伝説のデッドヒートの末、優勝。

式場氏がドライブしたポルシェ904は、現在の基準では「個人がスペースシャトルを買った」くらいのインパクトがあった。

ふたりは友人同士で、式場氏はレース前、「もし追いつけたら一度だけ前を走らせてくれ」と生沢選手に頼まれており、その約束を果たしただけだったのだが、一瞬でもスカイラインがポルシェを抜いたことでスカイライン神話が誕生し、日本のモータースポーツ、ひいては日本自動車産業全体を大いに盛り上げたことは、あまりにも有名な逸話だ。

しかし、レース出場はこの2回のみで、何の未練もなくレーサーを引退。その後は自動車雑誌『カーマガジン』を編集するなど、日本のハイソサエティとして、自動車趣味道を驀進《ばくしん》した。

第2回日本GPの逸話から、式場壮吉と言えばポルシェというイメージが強いが、佐藤さんによると、実は式場氏はその後、大いにフェラーリに傾倒なさったのだという。

佐藤さんを通じて式場氏を紹介いただいたが、冬はお仕事でヨーロッパに長期ご出張とのことで、連絡を取ることができたのは、明けて2003年3月中旬だった。私が、式場さんがお住まいの都心のマンションを訪ねたのは、3月下旬のことだった。

学生アルバイトでポルシェを買った男

ブガッティEB110S

（ここかな？）

歴史を感じさせる超高級マンション。私は高鳴る胸を抑えて呼び鈴を押した。

内部に並んでいるクルマに背筋がゾクゾクする。フェラーリ456GTやメルセデスSL500、そして圧巻は、式場さんの愛車らしきベントレーとブガッティEB110S！　よそ行き用がブガッティ、お買い物用がベントレーなのだろうか、などと、大衆的な想像にひたりつつエレベーターに乗る。

式場さんは、超絶センスのいい家具に囲まれた、ジャズの流れる、あまりにもシブすぎる仕事場へ私を招じ入れてくれた。

　私はまずこう尋ねた。

「式場さんがフェラーリの存在を知ったのは、いつ頃でしょうか」

　スーパーカーブーム以前は、ほとんどの日本人がその存在すら知らなかったフェラーリ。1965年、佐藤幸一さんが初めて日本に持ち込んだフェラーリ。その名を式場さんが知ったのは、いったいいつなのか。

「それは小さい頃から知ってましたよ」

　えっ！　小さい頃から!?

徳大寺氏がコンプレックスを感じるほど、大学時代からすべてがスマートだった式場さん。

「そうだな、朝鮮戦争が終わった頃、52年くらいかな」

　というと、式場さんが中学生になるかならないかくらいの頃か。フェラーリは、創業わずか5年、というあたりだ。

「その頃僕は、クルマより飛行機の方が好きで、朝鮮戦争で活躍した戦闘機の本なんかに熱中してたんだけど、僕より父がクルマ好きでしてね。いろいろな雑誌を買ってきていたんですよ。当時、『ポピュラーサイエンス』が『世界の自動車』という別冊を毎年出していたので、それを見てフェラーリを知りました。フェラーリ、チシタリア、マセラティ、ランチア、ペガソなんか載っていて、その中ではフェラーリとペガソが一番形がいいなあ、なんて思ってましたね」

そうおっしゃって、穏やかに笑う式場さん。まさにハイソサエティである。

そんでチシタリアにペガソ。勉強不足の不肖ワタクシ、インタビュー後に勉強いたしましたが、ともに〝宝石〟と謳《うた》われながら消えていった名車だそうです。

「成城大学に入った頃は、クルマの方に完全にシフトしてました。杉江（徳大寺有恒氏）が同級ではなかったですが同期でいて、ミッキーカーチス（ロカビリー歌手）もいて、彼らと新橋のオスカという喫茶店に集まって、『ＣＡＲ ＡＮＤ ＤＲＩＶＥＲ』とか『ＲＯＡＤ＆ＴＲＡＣＫ』なんかの向こうの自動車雑誌を見ながら、延々とクルマ談義をしていましたね」

「その当時は、式場さんの中では、一番凄いスポーツカーはなんだったですか？」

「そうだなあ。まあ、フェラーリ、アストンマーチン、マセラティ、このあたりはクラスが高すぎて、手が届かなくて、話題にもなりにくかったですよ。当時ジャガーが、その半額の値段で同じ性能のものを作ろうと目指したくらいですから、あまりにも雲の上すぎましたね」

ほぼ時を同じくして、１９６０年、佐藤さんは三井物産の駐在員としてミラノに赴任し、速攻でフェラーリ２５０ＧＴカブリオレ ピニンファリーナを購入された……というのが、歴史の流れである。

「なにしろ、大学を卒業する頃は、ポルシェがやっと買えるかどうかでしたから」

ガーン！「やっと」とおっしゃってもポルシェでがんしょ！　それも60年代初頭！　大学卒

業するかしないかの若者が！

「いえ、私は学生時代、アルバイトでミュージシャンをやってたんで、少しお金があったんです」

昭和30年代に、ミュージシャンのバイトでポルシェを買う学生……。ステキだ。ステキすぎる。徳大寺さんが書かれている、「式場君はなにをやってもスマートで、僕はコンプレックスのカタマリだった」というのは、このあたりのエピソードも関係ありそうだ。

「もちろん新車は買えませんよ。当時、356SCが250万円くらいでしたかね。ところがたまたまミツワに、52年の1600スーパーがあって、47万円だったんです。えーと、大学を出る前の年ですから61年ですね、それを買いまして、オンボロでしたけど、完璧に直して、よく東京から鈴鹿まで行って、サーキットを走って、また東京までとんぼ返り、なんてことをしてました」

なんてステキすぎる人生だろう。

「そのあと、トヨタのワークスドライバーのテストを受けないかと言われて、たまたま運がよかったんでしょうね、タイムが一番だったものですから、受かりまして、第1回の日本グランプリでコロナに乗って、優勝できたんです」

なにもかもがトントン拍子。ため息しか出ないが、私には聞かねばならぬことがある。

「その時、別のクラスのレースに、フェラーリが出場していたようですが？」

「ええ、出てました。あの時は、外人さんたち招待選手は、いっしょくたにひとつのレースに出場したんです。ピエール・デュメ選手がフェラーリ２５０ＧＴ ＳＷＢですね。ロビンスキー選手がアストンマーチンＤＢ４ザガートで、フォン・ハンシュタインさんがポルシェにお乗りになって、すばらしいデッドヒートをしたんです。ただそのレースでは、純レーシングカーのロータス23があまりにも速くて、先に2台でピューッと行ってしまいましたし、フェラーリといえども、あまり目立たなかったですね」

私は式場さんのものすごい記憶力にびびりながら、なおも尋ねた。

「でも、式場さんは注目なさっていたのでは？」

「ええ、見てました。おお、あれがフェラーリか、アストンマーチンかって、自分のレースそっちのけで見てましたよ（笑）」

「では、フェラーリが日本の土を踏んだのは、63年の第1回日本ＧＰの２５０ＧＴ ＳＷＢが初めて、ということでよろしいんでしょうか」

「そうでしょう。私が現物のフェラーリを見たのは、それが初めてでした」

そのように、初めて見るフェラーリやアストンマーチンに心を躍らせながらも、式場さんはしっかり自分のレースで優勝し、そしていよいよ翌年には、自ら購入したポルシェ９０４に乗って、あの伝説を作ったわけだ。

では、フェラーリのステアリングを初めて握ったのはいつなのか？

式場さんは、一冊の雑誌を見せてくださった。ベースボールマガジン社発行の『カーマガジン』だった。

「これは、私がVANの石津さんや杉江（徳大寺氏）とやっていた雑誌です」

そこには、フェラーリ275GTBのインプレッション記事が載っていた。

「これは、確か、日本に新車で入った最初のフェラーリです。オーナーさんに『なんとか写真だけでも』とお願いしたところ、『どうぞどうぞ、乗ってください』と言っていただいた記憶があります」

発行年月は1965年10月。うむむむ……。

「確かこの前に、佐藤さんの250が入っています。私が最初にフェラーリを運転したのは、佐藤さんの250だと記憶しています。ですから、『カーマガジン』では、そちらのインプレッション記事もやっているはずなんですが、その号がちょっと見当たらなくて」

そ、そうなのか！

佐藤さんが250GTカブリオレ　ピニンファリーナを日本に持ち帰ったのも65年。わずかな時間差で、2台のフェラーリがこの日本にやってきたということだ。

「式場さんが初めてフェラーリに乗られた印象は、いかがだったでしょう」

「それはまず〝ゴージャス〟ですよ。当時日本には、ジャガーEタイプまでしかなかったですから。そのEタイプでも、今でいうフェラーリF40のような特別なクルマでね。フェラーリはそのはるか上を行くスポーツカーですから、そのゴージャスな作りにまず圧倒されました」

なるほど……。速さではなく、まずゴージャスか。

考えてみれば、今でも一般の方のフェラーリに対する興味は、速さより値段が高いというのが先にくる。それと同じかもしれない。

「東洋の王子」と「伝説のレーサー」

「ところで、式場さんと佐藤さんは、どのように知り合われたんですか」

「確かね、共通の知人がいて、その人を通じて知り合ったと記憶しています。ただ、まったくクルマとは無関係のつながりだったものですから、まさか佐藤さんがフェラーリをお持ちだとは、最初は知りませんでした」

「ははあ……。知り合われたのは日本ですか」

「そうです。佐藤さんがイタリアから帰国されてからです」

「ええと、どのようなきっかけでフェラーリの話に？」

「さあ、はっきりとは覚えていないんですが、知人が佐藤さんのことを『そう言えばこの人、フェラーリ持ってるんだよ』と言い出して、『えーっ、信じられない』と叫んだんじゃなかったかな（笑）。佐藤さんは『そう言えば壮ちゃんはクルマが好きなんだよねえ、今度見てくれよ』と誘われて、いやいや今すぐにでも行きたいです、ってね」

　も、ものすげ～……。

　片や第1回・第2回日本グランプリで優勝したレーサー、片や日本人初のフェラーリオーナー。今から約40年前、その二人が出会ってこの会話だ。現代にたとえれば、日本人初の宇宙飛行士である毛利衛《まもる》さんに対して、「そう言えば衛ちゃんは宇宙が好きなんだよねえ、僕スペースシャトル持ってるから今度見てくれよ」という感じだろうか。

　しかも当時、佐藤さんが30歳、式場さんが26歳という若さである。なんちゅーこっちゃ……。

「佐藤さんの250は、非常にロングボディでね。エクゾーストが長いのがついていて、すごくいい音がするんですよ。しかもオープンでしょう。はあー、これがV12の音かと感激しましたね。275GTBもいい音がしましたが、佐藤さんの250はさらにいい音でした」

　先日、鈴鹿サーキットで開催された『フォルツァ・フェラーリIII』にて、不肖ワタクシ、生まれて初めて250GTOが全開で加速する様子を拝見した。その美しさもさることながら、40年前のクルマが、まるで現代のF1のような甲高いエクゾーストを奏でるのに心底たまげたものだ。佐藤さんの250GTも、きっとそんな音だったんだろう。

「で、その後式場さんとフェラーリとのつながりは？」

「その後1台、330GT2＋2が日本に入って、そのあと、確か西武系の会社が、67年か68年でしたか、忘れましたが、330GTCを入れたんですよ」

それは恐らく、『カーグラフィック』68年5月号に試乗記が掲載された、あの個体だろう。

「当時私はシェルビー・コブラに乗っていたんですが、知り合いに譲ってくれ譲ってくれと頼まれてましてね。一方３３０ＧＴＣは、なかなか買い手がつかなくて、私のところにも『どうでしょう』という話が来たんです」

「で？」

「結局、コブラを知人に譲って、あと追い銭いくら払ったのかなあ、忘れましたが、３３０ＧＴＣを買いました」

フェラーリ330GTCは豪華仕様のグランツーリスモ。シックで落ち着いたエクステリアをもつ。

「お買いになったんですか！」

「はい」

ガーン！

日本輸入第4号のフェラーリ、３３０ＧＴＣは、なんとあの伝説のレーサー・式場壮吉さんがお買い上げになっていた！

『カーグラフィック』の記事から考えて、式場さんが購入なさったのは68年だろう。輸入元は西武自動車の子会社・西欧自動車で、イタリア現地価格は３７７万円、日本では１４００万円の値付けがされていた例のクルマだ。

「では、買って乗られてみて、いかがでしたか」

「もちろんすばらしくいいし、クーラーも付いてましたし、豪華でしたが、エンジンがシングルカムで、ちょっとおとなしかったですね」

３３０ＧＴＣのエンジンは、４リッターV12のＳＯＨＣ、最高出力は３００ｐｓ／７０００ｒｐｍとなっている。

「それと、新車で買ったのに、４０００キロでピストンがいっちゃったんですよ。というのは、町中で乗りにくいからと、ディーラーがキャブを絞っちゃったんですね。そのまま回したら、ガソリンが足りなくなってしまったんです。ピストンを注文しても、間違って香港に行っただのなんだのと、大変でね」

今でこそフェラーリは大変しっかりした会社になったが、90年代初頭あたりまでは、部品を注文してもいつ届くかわからないのがアタリマエだった。60年代ともなれば、輪をかけてひどかったのかもしれない。

「当時はまだ、フェラーリの、V12のエンジン調整をする技術が、日本になかったんですね。キャブを調整した後は、町中でうまくかぶらせないで走らせるテクニックが必要でした」

当然フェラーリは、地上で最も手強い、運転の難しい一台でもあったのだろう。

「佐藤さんの２５０の方が、うんと調子よかったですね。僕の３３０よりも（笑）。それでも３年くらい乗りましたが」

「では、その後のフェラーリライフは？」

「僕はずっとデイトナが欲しくて、夢のクルマでしたね。でも、日本に入ってくるのはだいたい中古だったんです。その中古もなかなか買えなくて、よだれを流して見てました。念願かなってようやく買えたのは、ここ20年くらいですよ」

こ、ここ20年。ものすごく長い「ここ」だが、考えてみれば私もフェラーリ買ったのはここ10年ちょっとだ。

「つまり80年代に入って、ついにデイトナをお買いになったんですか」

「そうですね。今、72年の最終モデルを持ってますが、デイトナはこれで3台目なんです（笑）」

（※２００３年３月の取材当時）

うむう……。

フェラーリ250ルッソ

68年に自身初のフェラーリを買って71年前後まで乗り、その後約10年間は、デイトナに憧れ続けていたという式場さん。つまりあのスーパーカーブーム当時は、フェラーリはお持ちじゃなかったということか。

最近、大事にしていた２５０ＧＴルッソと５５０マラネロ、それに４５６ＧＴを手放し、現在手元にあるフェラーリはデイトナだけだそうだが、決してクラシック・フェラーリに興味が集中しているわけではないという。

「エンツォさんがかつて築かれた黄金時代に続いて、今こそフェラーリの第

究極の名を冠したフェラーリ、エンツォ。399台限定生産。日本正式価格7850万円（即完売）。

2期黄金時代でしょう。これはモンテゼモーロ社長の手腕です。現在のフェラーリは、技術的には最高です。本当にすばらしいです」

そのように式場さんは、モダン・フェラーリに対して、極めてポジティブなお考えをお持ちなのであった。

その証拠に、実は式場さん、この時はわけあって話してくれなかったが、3台のフェラーリを手放して、エンツォ フェラーリを買ったばかりだったのだ……！

その頃、我が清水家（練馬区）では…

フェラーリの日本初上陸は63年、初輸入は65年ということがはっきりした。

では、60年代の日本とは、いったいどんな様子だったのか。

実は、不肖ワタクシが生まれたのが1962年である。ここはひとつ、『三丁目の夕日』張りに我が身と我が家族を振り返って、日本フェラーリ黎明期と照合してみることにする。

私は東京都新宿区の聖母病院に生まれ、約1年ほど豊島区で育ったのち、父が株で一発当てて購入した練馬区の一戸建てに引っ越した。一発当てたと言っても、当時はインサイダー取引禁止などという規制はなく、すべてインサイダー情報によって儲けたものだったとは、最近になって初めて聞いた。

私の記憶はせいぜい3～4歳あたりからだが、ほぼ最初の記憶というのは、父のコロナの後部座席からボンヤリと見えた練馬のガスタンク群だった。

私は自分の記憶を確かめるべく中野区の実家に向かい、71歳の父にインタビューを試みた。

「俺が覚えてる最初のクルマはコロナなんだけど、あれが最初だったの？」

「……うーん、そうだねえ。確かそうだ」

「それは何年？」

「全然忘れちゃったよ」

父はすでに昔のことを忘却の川に流しまくっており、なにを聞いてもこの調子。私の昭和史が危《あや》うい。

「まあ、俺が覚えてるんだから、65年くらいだろうね」

「あっそう」

全然ひとごとであった。

清水家初のマイカー・コロナと3歳当時の筆者。家の前は未舗装だった。

ともかく、佐藤幸一さんが三井物産ミラノ駐在から帰国し、同時にフェラーリ250GTカブリオレ ピニンファリーナを持ち帰ったのとほぼ同じ頃、我が家にはトヨタ・コロナ（恐らくRT20型の中古）がやってきた。

その時父は35歳。免許を取る前にクルマが来てしまい、後から鮫洲《さめず》の試験場に免許を受けに行ったそうだ。当時の平均的な日本人は、BC（ブルーバード・コロナ）の販売戦争が始まった60年代に入って、ようやく自家用車というものを買い始めたわけだから、それほど珍しくないパターンだったのではないだろうか。

コロナは割合すぐにいなくなり、次はフォルクスワーゲンがやってきた。これが恐らく66年だ。しかしなぜいきなりそんなにハイカラになったのか。

「なにしろ、俺はクルマにはからっきし興味がなかった。ただ、クルマに詳しい知り合いに、『清水さんよ、アメリカではな、インテリはかぶと虫にしか乗らないんだよ』って言われて、ああそうなのかと思って買ったんだよ」

は〜……。

ビートルはアメリカのインテリが乗るクルマ。当時の世相がおぼろげながら浮かんでくる。外国と言えば即座にアメリカ。外人と言えばすなわちアメリカ人。一般の日本人の意識として、ヨーロッパは本当に遠かった。そんな時代に、フェラーリを買うためにイタリア駐在を希望した佐藤さんや、ポルシェ904を自ら購入してレースに出ていた式場さんは、やはりとてつもない階級の、完全な別世界の住人だったと言うしかない。

このビートル、練馬区の我が家の近所では、燦然《さんぜん》と輝くオシャレグルマで、子供の私も実に誇らしかった。「ババババババ」という空冷の音がやかましく、母は少し気にしていたようだが。

ただし我が家では、このクルマを決して「ビートル」とは呼んでいなかった。私はそんなハイカラな愛称があることすら知らず、我が家では一貫して「フォルクスワーゲン」あるいは「かぶと虫」と呼んでいた。

清水家2台目のマイカーとして〝かぶと虫〟がやってきた。

とにかく1965年、日本人初のフェラーリオーナー・佐藤幸一さんがご自分のフェラーリをイタリアから日本に持ち帰った頃、清水草一（3歳児）家では、父が初の自家用車として中古のコロナを購入し、翌年それをビートルに買い替えていた。

65年。

当時の世相として私の記憶に鮮烈に残っているのは、60年代、わが家では「肉」、特に牛肉は、完全に特別な食べ物だったということだ。

「今日は肉！」

これは、我が家では月に2回くらいしかない大きなイベントだった。しかも当時は、肉料理のバリエーションがきわめて少なかった。

私の記憶にあるのは、ただひたすらスキヤキである。スキヤキこそ地上最高のご馳走で、ステーキはまだ本邦の家庭の食卓にはほとんど降臨していなかった。

当時の『サザエさん』を見てもそれがわかる。昭和40年代、カツオとサザエがヨダレを垂らして待ち焦がれる料理は、ズバリ「スキヤキ」。マスオさんとノリスケさんは、食べる速度を抑えるために左手で箸を使わされるというシーンもあった。当時の日本人は、それほどまでに動物性蛋白質を渇望していたのである。

もちろんクーラーなどというものは、クルマにも家にもなかった。夏の夜は蚊帳《かや》を吊り、暑くてなかなか寝付けなかった。そのせいか私は扇風機が大好きで、昼間はしょっちゅう扇風機にかじりついており、その精妙な首振り機構に機械の神秘を感じていた。

家の前には、焼き芋屋や金魚売りがリヤカーに商品を積んでやってきたし、豆腐屋は、あのラッパを「プ～」と吹きながら自転車でやってきた。家の正面の共同便所のアパートはまだ汲《く》み取り式で、バキュームカーが強烈な香りとともにやってきた。

そして、幼稚園生だった私の心を強烈につかんでいたのは、父のコロナやビートルではなく、イギリスの特撮人形劇『サンダーバード』だった。といっても当時、これがイギリス製ドラマだとは全然知らなかったが……。

だいたいイギリスという国自体、知っていたかどうか。白人も見たことなかっただろうが、あのオープニング場面で「ファイブ、フォー……」とカウントダウンが始まると、あまりの興奮で私の心拍数は急上昇した。

『サンダーバード』が日本で放送されたのは、66年4月～67年4月（NHK。その後TBSが67年7月から68年10月にかけて再放送）。当時の私は、フェラーリの存在などまったく知らず、隣の空き地に作った〝基地〟周辺の地面を掘り返すことに熱中していた。

一番好きだったのはジェット・モグラで、2番目はサンダーバード1号。ともに先の尖《とが》ったやつである。通常一番人気の2号は、デブなのでそれほど好きではなかった（ひょっとしてそこには、成人後ミニバンではなくフェラーリ崇拝に行く素質が隠されていたかもしれないが）。

考えてみると、この隣の空き地には、よく土管やブロックが積まれており、我々近所の子供たちは、これをフルに使った基地作りにすべての情熱を傾けていた。そう、『ドラえもん』に出てくる土管のある空き地が、60年代には東京のそこここにあったのである。

そして、レディ・ペネロープが乗るピンクの6輪ロールスロイス、ペネロープ号。これについては、サンダーバードの基地のプラモ（数え切れないほど作った）を買うと、小さいのが必ずついてきたが、ピンク色をした女の乗り物という意識でいたため、何の関心も抱かなかった。だいたい、あれが世界一の高級車・ロールスロイスだということ自体、成人後に知ったくらいだ。

そう、私はフェラーリはもちろん、ロールスも全然知らなかったのである。ミニカーはたくさん持っていて、ジャガーEタイプの独特のフォルムはしっかり記憶に残っているが、それがEタイプだったと知ったのも成人後だ。

ミニカーをかなり持っていたくらいだから、クルマにはそれなりに興味があったはずだが、ブランドに関してはまったくチンプンカンプンで、ミニカーの序列は可動部分（ドア、ボンネット、トランク）の多さで決めていた。

式場壮吉さんは、ご幼少の頃から超絶クルマに詳しかったのに、なぜ私はそのような原始状況にあったのか？

原因は家庭環境にある。

フォルクスワーゲン カルマン・ギア。清水家では「カルマンギア ワーゲン」と呼んでいた。

本人が述懐するように、私の父はクルマにまったく興味がなく、その手の雑誌も文献も、我が家にはただの一冊も存在しなかったのである。

しかし父は、知人やクルマ屋に言われるまま、クルマを買い替え続けた。ビートルの次に来たのは、はるかにスポーティなフォルムのカルマン・ギアであった。

そして68年。とんでもないクルマがわが家にやってきた。

私が小学校に入学したその年、父親が買ったのは、なんとポルシェ911だった。

これまた、クルマに詳しい知り合いと、たまたま六本木を歩いていてミツワのショールーム（現在アウディとランボルギーニを売ってる飯倉《いいくら》交差点の店）前を通りかかったところ、たまたま911が飾ってあり、「これはかくかくしかじかの凄いクルマだ」と説明され、父はポルシェのことなど何も知らなかったが、再度株で当てていたので（当然インサイダー取引）、その場で「よし、これを買うよ」と決め、そのまま店に入って、「これをくれ」と言って買ったのだそうだ。

その4年前の64年、前述の式場壮吉さんが自ら購入して第2回日本GPに出場、優勝を飾ったレーシングポルシェ・904についてご本人は、「571万円でした。当時356が250万円くらいでしたから、純レーシングカーがその2倍ちょっとというのは、とても安いと思ったんです」と、実に正確に覚えておいでだったが、私の父はあぶく銭で買ったせいか、いくらだったか記憶も定かではなく、「確か500万円くらいだった気がする」としか答えてくれなかった。

仮に500万円として、現在の感覚だと、2000万円くらいだろう。

その911について私が覚えているのは、タルガトップで、クラッチレスのスポルトマチックだったということ。あとは、我が家で麻雀卓を囲みながら、父が麻雀仲間にした自慢話だ。「瞬間的には225キロ出るんだ。215キロなら巡航できるんだ。ワハハハハハハハ！」

ポルシェ911タルガ。当時、世界で一番凄いクルマはポルシェと思っていた。

「はーっ……（全員驚愕&溜め息）パトカーなんか絶対追いつかないね！」

「そうなんだ。ワッハハハハハハ！」

最高速&最高巡航速度については、「ミツワ自動車のヤツがそう言ってた」（父）とのことで、本人は「一度160くらい出したかな。スピードを出せば出すほど地面に吸い付くようで、不思議なもんだと思ったのを覚えてるよ」。

RRの911は、スピードを出せば出すほどリフトが大きくなって怖いはずだが、そこまでは出さなかったということだろう。

それらのことから考えて、父が買ったのは、68年式ポルシェ911Sタルガのスポルトマチック仕様と推定できる。排気量1991cc、最高出力160馬力。最高速は225キロとなっている。

私は子供ながらに、200キロという数字を聞いただけでビリビリ痺《しび》れが来た。しかし相変わらずクルマの系統的な知識がゼロだったので、「世界で一番凄いクルマはポルシェらしい」と思い込んだ程度だった。

そして父は、タルガトップが一番カッコいいんだと言い続け、タルガトップ以外のポルシェを「偽物《にせもの》」と呼んでいた。

いま考えるととんでもなく自己中心的な話だが、なんせ自分にとって世界の中心的存在の父がそう言うのだから間違いないだろうと、私はクーペボディのポルシェ911を見かけても、心の中で「偽物だ」とつぶやいて馬鹿にしていた。

ただ、ポルシェについては、当時すでにほとんどの日本人が知っていたらしい。というのも、一度だけ父が小学校までポルシェで迎えに来てくれたことがあり、その時は練馬区立豊玉東小学校全体から子供たちが校門前に殺到し、「ポルシェだポルシェだ」と大騒ぎになったからである。スーパーカーブームの8年ほど前、すでにポルシェの知名度は、そこまで上がっていたのだ。

それに対してフェラーリは、ちょうどその頃、式場壮吉さんが日本輸入第4号の330GTCをお買い上げになっていた段階。つまり、依然日本にたった4台。騒ごうにも騒げない。


あの頃、そのまま父がポルシェに乗り続け、再度クルマに詳しい知り合いと歩いてる時、たまたまフェラーリが飾ってあるショールームの前でも通りかかれば、「じゃ次はこれを買おう」となり、私の人生もまた違ったものになったかもしれないが、そうはならなかった。

翌69年、父は免許失効により、無免許になってしまった。

父が免許を取ったのが65年。そして69年、たまたま検問にひっかかり、おまわりさんに「1年半も前に失効してますよ」と呆《あき》れられたという。つまり、父は免許に更新というものがあることを知らず、一度も更新しないまま失効したのだ。

免許失効によりポルシェは売り飛ばされ、わずか4年半で、我が家からは自家用車が消えた。

時に私は小学2年生。まさに一瞬の夏だった。

それから約7年後に母が免許を取り、排ガス規制で青息吐息、激遅の日産ローレルが来るまで、我が家の足はもっぱら電車となった。

その7年間で、私の頭からは、自動車への憧れもなにも、すっかり消えていた。

モータージャーナリストの超重鎮は語る

63年。鈴鹿での第1回日本GPの招待レースにフェラーリ250GT SWBが出場、フェラーリが初めて日本の土を踏む。

65年。三井物産ミラノ駐在員だった佐藤幸一氏が、現地で購入した250GTカブリオレ ピニンファリーナを日本に持ち帰る（本邦第1号）。

68年。フェラーリの正規代理店となった西欧自動車が330GTC（本邦第4号）を輸入、1400万円という定価になかなか買い手がつかなかったが、結局式場壮吉氏がご購入。

ここまでの大筋はこういうことだ。

75年（正確には74年12月）に『サーキットの狼』の連載が始まり、スーパーカーブームが巻き起こってからは、取材先候補のリストは数多い。しかし、そこまでがまだ薄い。どうしたものか。

ここは思い切って、小林彰太郎さんに伺ってみよう。

『カーグラフィック』初代編集長にして、日本のモータージャーナリストの草分け、超重鎮、あるいは仙人。エンスージアストの鏡、久米宏が最も尊敬する人物でもある小林氏。氏とフェラーリというのは、特に強い接点はないかもしれないが、とにかく小林さんにお会いすれば、新しい地平が開けるかもしれない。

知り合いのカーグラ編集部Ｔ氏に連絡先を尋ね、取材依頼のＦＡＸをお送りして約10日。イギリス取材から戻られた小林さん直々に、私の携帯電話に日時の指定があった。なかなか痺れるものがある。

小林彰太郎氏

小林さんは、まさに仙人の如く背筋をピンと伸ばして、待ち合わせ場所のソファーに座っておられた。

「私は、何の団体にも属していないし、他誌を読む時間もないので、あなたのことを知りませんが、こういったものが多いんですか」

小林さんは、私が自己紹介代わりに謹呈した拙著を手にとって、そう尋ねられたので、「はい、いろいろやっております」と適当にごまかし、この取材の趣旨を簡単に申し述べ、ボロが出ないうちに速攻で本題に入った。

「フェラーリが最初に日本の土を踏んだのは、63年の第1回日本GPの時だと思われますが、小林先生はご覧になってましたか」

「もちろんです。そりゃあもう、大事件ですから」

大事件。やっぱりそうなのか。

小林さんは、ご自身撮影の写真を2枚見せてくださった。それはまさに、鈴鹿のピットにたたずむフェラーリ250GT SWBであった。

「ル・マンにも出ていたクルマですから、奇麗じゃなかったですね。メタリック・ブルーのボディに、あちこち傷がありました。しかし、自分の目で見て、音を聞いても、信じられなかった。頬をつねりたい気分ですよ。当時、日本なんて地の果てですし、フェラーリなんて雲上人《うんじょうびと》ですから」

「なるほど……。ただ観客は、ほとんどフェラーリのことなどわからなかったのではないかと思うのですが」

「そりゃそうです。普通の人は、こんなクルマに関心がなかったですから。カローラやサニーなら別ですが」

「な、なるほど」

「フェラーリではなく、ポルシェなら違うでしょうけど。日本でスポーツカーと言えばポルシェ、あるいはMG、トライアンフという時代は長かったですね」

それは現在で言うと、時計の世界に近いかもしれない。たとえば、新興メーカーでありながら、その名声が頂点に達しているフランク・ミュラーやオーデマ・ピゲ、あるいはパテック・フィリップ。その名を日本国民の何パーセントが知っているか。ロレックスなら知ってるよ、というオッサンは多いだろうが……。

当時まだ創業わずか16年の新興メーカー・フェラーリは、当初から名声は頂点の高みにあったが、当時の日本には、まだただの1台もなく、知る人ぞ知るとしか言いようがなかっただろう。

「鈴鹿で初めてフェラーリを見て、感激はありましたけど、私は当時も今も、フェラーリにはあまり興味はないです。絵空事だから」

「はあ」

「当時は、たとえばクルマ好きの学生が、近い将来自分のクルマを持つなんて、考えられなかったんです。だから、カタログを見て、写真を見て、それが自動車趣味だったんです。でも私は、どんなボロでも、自分のクルマを持ちたかった。大学生の頃から、なんとしても自分のクルマを持つんだと思って、アルバイトをしていました。だから紙の上だけのクルマには興味はなかった。フェラーリよりも、MGミジェットの方がずっと魅力ありました」

「ただ、『カーグラフィック』では、創刊間もなくフェラーリ特集号を組んでいますよね」

「ええ。これがそうです」

小林氏が差し出したのは、まさにそのフェラーリ特集号であるところの『カーグラフィック』62年9月号だった。

「この時はまだ、日本にはフェラーリは1台もなかったですから、イタリア在住の宮川秀之さんという方に、すべてやってもらいました。宮川さんの奥様のマリーザさんが、ランチアのディーラーのお嬢さんで、顔がききましたし」

MGミジェット

その特集号はじめ、『カーグラフィック』で扱ったフェラーリ関連の記事がほぼすべて収録されている本『ＣＡＲ　ＧＲＡＰＨＩＣ選集　ＦＥＲＡＲＲＩ』（２０００年二玄社刊）が、取材を進める上で極めて重要な資料となっている。

「ただ、私はあまり興味はなかったんです。この号も、私はほとんどタッチしませんでした」

「で、ではなぜこういった号を出されたんでしょう」

「それは、夢ですからね」

興味はないけれど夢は夢。この場合、「興味はない」というのは小林氏ご本人の考えで、「夢」というのは、当時の自動車マニアの思いということになろうか。

「あなたの調べたところでは、日本に新車で入った最初のフェラーリは何ですか」

小林氏の問いに、私は答えに詰まった。式場壮吉氏は、65年の２７５ＧＴＢが最初とおっしゃっていたのだが、記憶力減退のためそれを失念していた。

「私の知る限りでは、３３０ＧＴＣが最初です」

「あ、『カーグラフィック』でレポートされている車ですね。西欧自動車というところが輸入した」

そのクルマについては、カーグラ68年5月号に記事が載っているのである。

「西欧ですか。私は西武だと思っていましたが」

この西欧自動車という会社は、もともと西武系列で、68年にフェラーリの代理権を獲得したが、その後西武自動車と合併していることはすでに述べた。

『カーグラフィック』62年９月号は、日本人にフェラーリを詳しく紹介した最初の出版物だった。

「フェラーリの新車が日本に入るということで、当時私はディーラーにねじこんだんです。乗せろと。当時はまだ高価な新車にジャーナリストを乗せるなんていう習慣はまったくなかったですから」

「それで、お乗りになったんですか」

「第三京浜でだけ乗りました」

な、なんと小林彰太郎氏は、あの330GTCに試乗なさっていた！ カーグラのその記事には署名がなく、しかも試乗記ではなく紹介記事なのでわからなかったが、小林氏ご自身が試乗していたとは！

「で、いかがでしたか」

「確かに速いし、いい音だと思ったけれど、直線しか走っていないので、どうってことなかったですね」

ガク〜……。

「そ、その330GTCを、その後式場壮吉さんがお買いになっているんです」

「それじゃ僕はその前に乗ったんだな」

「『カーグラフィック』にも定価で1400万円と記述がありますが、高すぎたのかなかなか買い手がつかなくて、式場さんのところに『どうですか』と売り込みがあり、それでお買いになったと、ご本人から伺いました」

「そうですか。魚籃坂下《ぎょらんざかした》の西武自動車2階のショールーム、というかただの倉庫のようなところに、ずっと置いてありましたからね」

住所で言うと港区高輪1丁目。それは西欧自動車の所在地として、カーグラ68年5月号にも記載されている。

「当時、フェラーリの新車なんて、ほとんど入ってこなかったんです。中古ばかりです。その後もあまり変わらなかったですね」

確かに、コーンズが代理権を取得した1年目の76年でも、新車はたったの2台しか売れなかったくらいだ。フェラーリなんてほとんど絵空事という状況は、60年代はもちろん、70年代に入っても、そしてスーパーカーブームが巻き起こってからも、それほど変わらなかったのか。

元西武自販、現シトロエン・ジャポンの新井氏によると、68年当時、『カーグラフィック』に掲載された西欧自動車の広告には、こういうコピーが使われていたという。

「夢の結晶　フェラリー」

夢の結晶。フェラーリはまさしく夢のまた夢であった。そしてフ、ェ、ラ、リ、ーという表記。ご高齢の方は、今でもフェラリーと、フェにアクセントを置いて発音される場合があるが、それはこの頃の名残か。

「その絵空事のフェラーリを、中古でですけれど、最近は年収４００万円くらいのサラリーマンや公務員が、よく買っているんですが」

「……年収４００万円でフェラーリですか」

この瞬間だけ、小林氏の瞳が、驚きで一瞬大きく開いた。

「それは、ご勝手だから、私がとやかく言うことじゃない」

そうおっしゃったあと、思い直したようにこう付け加えられた。

「私が学生時代、どうしても自分のクルマが欲しいと思ったのと同じでしょう」

高度経済成長とオイルショック

そこから、75年のスーパーカーブームに連なる時期、日本のフェラーリ界はどうなっていったのだろう。

まずは当時の世相をおさらいしたい。

62年、不肖清水草一誕生。64年に東京オリンピック開催。日本は高度経済成長時代最盛期に突入し、70年には大阪万博がドカンと開催される。

万博当時、私は小学3年生だった。主な情報源は、小学館の『小学三年生』。「万博のフランス館では、カタツムリ料理が食べられるゾ！」という記事に私は「うひ〜キモチワルイ〜」と震え上がって、〝フランス人＝カタツムリを食べる人〟と強烈にインプットした。当時、エスカルゴなんて食い物を知っている小学生などいるはずもなかった。

ちなみにイタリア人については、トッポ・ジージョのイメージから、チーズをよく食べる人くらいに思っていた。

清水家では、両親が「混んでるからもう少し後にしようか」と言ってるうちに万博が終わってしまい、私のエスカルゴ初体験もおあずけとなったが、当時は私を含め誰もが「日本はものすごく発展している」という実感を強く持っていた。

ところでこの年、自動車業界では、アメリカでのマスキー法（自動車排ガス規制）の成立という、一大事件が起きていた。

アメリカでは50年代から急激なモータリゼーション時代に突入し、60年代には自動車の排ガスが問題になる。当時アメリカには排ガスを規制する法律が実質的にない状態で、ロサンゼルスなどを初めとする大都市では、大気汚染が深刻になり始めていた。

自分に被害が及ぶとなると、アメリカ人は黙ってない。さっそく陳情団が続々ホワイトハウスを訪れるようになる。

半年間の期間中に6422万人もの人々が訪れた大阪万博会場。

危機感を持ったアメリカ政府は、マスキー上院議員に作らせた排ガス規制法案を成立させる。５年以内に自動車排ガスを10分の１にしろという、極めて厳しいものだった。

これには全米が衝撃を受けたが、それは当然日本にも及んだ。アメリカでクルマが売れなくなったら、日本は大変なことになる。

アメリカが言うなら、日本もそうせにゃならん。アメリカに素直な日本人は、早速マスキー法とほぼ同様の内容の排ガス規制法を成立させた。

その後アメリカでは、ビッグ３の強力なロビー活動によってマスキー法は骨抜きとなり、実施も延期に延期を重ね、結局基準をかなり緩めた上で83年にようやく実施されたが、日本では、75年にほぼそのままの形で排ガス規制法が実施され、世界一厳しい自動車排ガス基準国となった。

この試練が、その後プロジェクトX的に日本の自動車産業を大きく飛躍させるわけだが、逆に輸入車にとっては極めて厳しい。特にヨーロッパは排ガス規制に最も不熱心で、80年代中盤、森林に酸性雨の被害が出始めてからようやく対策が始まったくらいだ。いったいフェラーリは、日本の排ガス規制をどうやってクリアしたのか。

もうひとつの一大事は、73年10月の第1次石油ショックだ。

当時の総理大臣は田中角栄。日本初の真の庶民宰相ということで、就任時の人気は絶大だった。

私も、中野区在住の小学5年生として、田中総理には多大な期待感を持ち、きっと日本をすばらしい国に変えてくれるに違いないと思っていた。

ところが就任約1年後、第4次中東戦争が勃発、アラブ諸国が石油を輸出制限すると同時に大幅値上げ。原油価格は1バレル3ドルから12ドルへと急上昇する。日本ではトイレットペーパーや洗剤パニックが街を襲い、ガソリン価格も大幅に上がった。

この頃は、昨日100円だった下敷きが今日は120円という具合に、モノすべて、特に石油製品の値段がみるみる上がるのを、小学生ながら実感していた。

ガソリンの高騰は、結果的に日本の自動車産業にとって大変な追い風になるのだが、フェラーリの追い風になるはずはない。

ともかく石油ショックによって、戦後初めて日本経済に暗雲が立ち込めた。そんな体験がなかった私は、「きっとこのまま日本は食糧危機に突入するに違いない」と確信し、そのうちそこらじゅうで日本人同士の共食いが始まるというたいそう暗い未来予想を発表して、クラスのみんなに尊敬された。

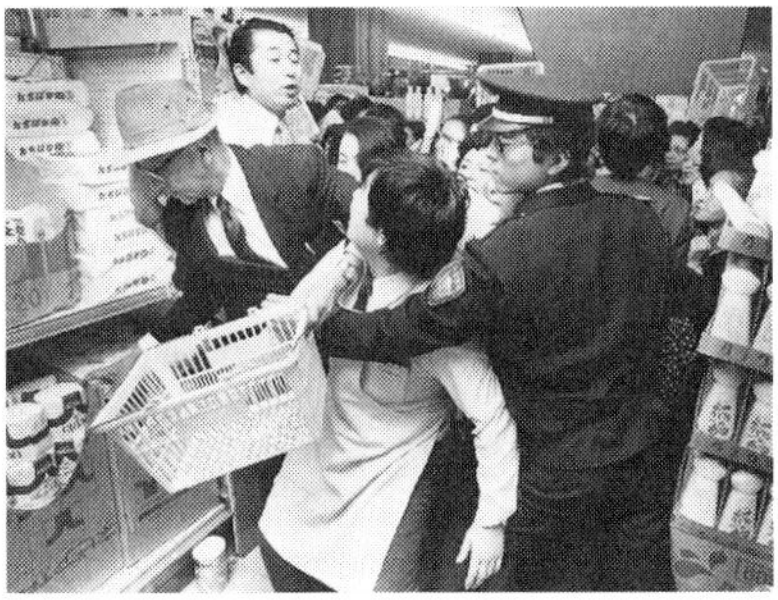

スーパーでトイレットペーパー大争奪戦。ガードマンの制止は無視…！

そんなさなかの、運命の74年12月。池沢さとし先生の『サーキットの狼』の連載が開始され、日本におけるフェラーリは一大転機を迎えるのだが、68年、式場壮吉さんが本邦第4号であるフェラーリ３３０ＧＴＣをお買いになってから74年までの約6年間、フェラーリはこの日本で、いったいどのようにしていたのか。

そのあたりについて、日本自動車専門誌の草分け、三栄書房『モーターファン』の編集に長く携わった飯田一氏が詳しいという噂を聞き、インタビューをお願いした。

飯田さんは現在（※取材当時）、自動車情報事典『大車林』の編集長をなさっているが、たいへん顔が広く、また恐ろしい

クルマ界で「生き字引」との誉れ高い飯田氏と、愛車のロスマンズカラーのポルシェ。

ほど多くの資料をお持ちである。

１９４８年生まれなので、68年から75年あたりは、20から27歳の青年期だった。

「元は鉄道少年でしたが、免許が取れる16歳の頃からクルマにのめり込みました。65年くらいから、小林彰太郎さんのカーグラフィックや、式場壮吉さんの『カーマガジン』を買って読むようになって、今もほとんど全部家に保存しています。中でもモータースポーツが大好きだったものですから、Ｆ１やスポーツカーレースで大活躍しているフェラーリというのは、ものすごいメーカーだ、とんでもないクルマだと、その頃から思うようになりました。それで、バックナンバーを探して、『カーグラフィック』の62年9月号、フェラーリ特集号も手に入れました。あの号は衝撃でした」

飯田さんは66年、18歳で早くもベレット１６００ＧＴを購入し、自らチューンナップするなど、クルマの世界にはまっていく。

「表参道とか六本木とかを流して、仲間で集まってました。そういうところには、東京中の輸入車が並んでいました。表参道、六本木あたりにいれば、本当にいろいろなクルマを見ることができました。式場さんのポルシェ９０４を見かけたこともありますよ」

「えっ！　あのレーシングカーに、ナンバーが付いていたんですか？」

「付いてましたね」

　１９６０年代、都心を流すポルシェ９０４。それは現代で言えば、フェラーリ・エンツォなんてものではなく、まさに神の降臨に見えたことだろう。

「西欧自動車が日本で最初に正規輸入したフェラーリは、65年のシルバーグレーの２７５ＧＴＢで、金原さんという方がお買いになりましたが、これも六本木あたりで見かけました。といってもさすがにフェラーリが路上駐車していることはなかったですから、走り去るのをチラッと見る程度ですが、うわーフェラーリだ、と興奮したもんです」

「では、日本最初のフェラーリについては、ご存じですか？」

「それは２５０のスパイダーだと聞いていますが、見たことはないですね」

いすゞベレット1600GT

　まさしく、佐藤幸一さんの２５０ＧＴカブリオレ　ピニンファリーナのことだ。情報は合致している。
　とにかく飯田氏は、いち学生として、東京の繁華街でそれらの貴重なマシンたちを目撃し続けていた。
「当時は、あれがフェラーリだとわかる人は、そう多くはなかったですが、でも日本に入ってはいたんですよ」
「知る人ぞ知る、わかる人にはわかるという感じでしょうか」

「そうですね」

飯田氏は72年に三栄書房に入社、すぐに『モーターファン』に配属される。

「僕が最初に運転したフェラーリは、73年、レーサーの高原敬武《のりたけ》選手が持っていたディノ246GTSでした。といってもディノはフェラーリじゃありませんが……」

その時の写真を見せていただいたが、若かりし頃の飯田氏が、高原選手らとディノ、そして275とともに写っている。

「これは伊豆スカイラインです。ディノ246は非常に乗りやすかったですね。こっちの275GTB／4は、さるタクシー会社の社長さんがドイツから中古で輸入したものですが、非常にコンディションが悪くて（笑）、この取材中、止まらずに走ってくれたのはラッキーでした」

当時高原選手は富士グラチャンのチャンピオンに輝き、翌年にはイギリスでのF1にスポット参戦するなど、破竹の勢いだった。

「やっぱり73年あたりでも、日本でフェラーリを買うのは、有名レーサーとか大社長とかだったんでしょうか」

「いや、そうでもないですね。70年代に入ると、いろんな方が買うようになっていたと思います」

「例えば？」

「やっぱりこの頃、73年くらいですけれど、フェラーリが大好きな機械解体業の社長さんが、デイトナをお買いになって、そのクルマには何度も乗せてもらいました。本当にすばらしい音でね。当時、4速で230出ましたからね。しかもまだこの上に5速があるんだよ、という感じで、本当にすごいな、と思いましたね」

「解体業ですか……。その頃って、フェラーリのようなクルマって、一種の教養じゃないでしょうか」

「そうですね」

「そういう教養が、かなり幅広い層に広まって、フェラーリの、いわば大衆化が始まっていた、ということでしょうか」

「70年代に入ると、そういう感じになっていました。情熱とお金があれば買えるもの、というふうになっていましたね」

フェラーリオーナーには、石油危機なぞ関係なし！

70年代と言えば、日本のクルマ界にとっては苦難の連続だった。

第一の苦難は、第1次オイルショックだ。この時は、それまでリッター約50円だったガソリンが100円前後へ大幅に値上がりしただけでなく、政府の方針によって、休日のガソリンスタンドの営業が自粛となった。つまり、レジャーでクルマには乗るなということだった。

当時の我が家は、父の免許失効によってクルマが消えていたから、直接の影響はなんら感じなかったが、予備のガソリンタンクにガソリンを買いだめしておいてドライブへ、というのがかなり一般化し、ガソリンの予備タンクが売れています……というニュースを見た記憶がある。

「当時私は、愛車のロータス・コルチナｍｋ－IIに、１００リットルの安全燃料タンクを取り付けていましたよ。なにしろ日曜日はガソリンスタンドが閉まってしまいましたから」

飯田氏はこともなげにそうおっしゃった。好事《こうず》家《か》の間では、そういう鬼のような対処法もあったようだ。

「では、当時のフェラーリオーナーには、オイルショックの影響はあったのでしょうか」

「なかったですね」

飯田氏は即答された。

考えてみれば、オイルショックの影響は、ガソリンをはじめとする石油商品の値上がりと、ガソリンスタンドの日曜休業程度。それくらいでは、お金持ちのフェラーリオーナーはビクともしなかろう。

「では、排ガスの51年規制は、どうだったんでしょう」

アメリカのマスキー法に触発されて成立した日本の排ガス規制法は、76年（昭和51年）４月１日、ほぼそのままの形で施行され（継続生産車は翌年から、輸入車は翌々年から）、世界一厳しい基準にパスしなければならなくなった。これが第二の苦難である。

「それは影響ありましたね。確か69年（昭和44年）以前のクルマは、排ガス試験を通ったという証明のステッカーを貼ることになったと記憶してます。そのために、欧州のスポーツカーを扱っているガレージは、いろんな対策をしたようですよ」

「それは、具体的には？」

「ガスを絞って薄くして、同時に点火時期を遅らせるといったことだったですね」

「そうやってなんとか検査を通して、それで走れたんですか？」

「いや、もちろん、検査を通ったらすぐに元に戻してしまうんですよ。そのままじゃ、まともに走れませんから」

　なるほどぉ！

　日本という国は、お上の規制でがんじがらめというイメージがあるが、実はたいていの規制がザルで、抜け道はいくらでもあるのが伝統だ。近年もフロントガラスの着色フィルム等に罰則が新設されたが、多くのクルマが貼ったまま日本中を大手を振って走っていて、ほとんどなんのお咎《とが》めも受けていない。

　また、輸入車の排ガス規制強化は78年からだったので、スーパーカーブームのピーク時までは、フェラーリも本国同様の仕様で日本を走ることができたわけだ。

「75年から始まったガソリンの無鉛化も、問題ありませんでした。バルブシートがいかれるという噂があったんですけれどね」

厳しい排ガス規制が開始される寸前の74年12月末、『サーキットの狼』の連載が始まった。75年にはブームに火がつき、76、77年とピークを迎えることになる。

「当時のスーパーカーブームは、あくまで子供たちだけのもので、大人はまったく関係なかった、という話も聞くんですが、どうだったんでしょう？」

「いや、大人も面白がってはいましたよ。スーパーカーに乗っていれば、どこに行っても子供たちが見るし、社会現象だったわけですからね。やっぱり華やかな感じになりました。フェラーリの並行輸入も盛んになりました。当時は中古並行が多かったと思いますが」

インタビュー後、私は飯田氏のご自宅にお邪魔し、貴重な資料の一部を見せていただいた。

その中には、式場壮吉氏の『カーマガジン』65年10月号もあった。式場壮吉氏が、日本輸入第2号のフェラーリである275GTBに試乗し、インプレッションを書いている号である。

雑誌の作りがとにかくオシャレで、中央にファッションページがあるところなど、現在の『ENGINE』に通じるものがある。

逆に言うと、この頃の自動車雑誌は、やはり、一部の選ばれた人向けの要素が強かったのだろう。フェラーリなどはなおさらだ。

それが真に大衆化するのは、もちろん、あのスーパーカーブームからであった。

第3章　子供たちだけのスーパーカーブーム

「高速道路での勝負なら、ボーラが天下無敵」と豪語する切替テツ。Ⓒ池沢さとし

いよいよ時代は、スーパーカーブームに突入する。

スーパーカーブーム期のフェラーリについて、まず話を聞くべき人は誰か。

通常ならブームの生みの親・池沢さとし先生となるわけだが、池沢先生には最後にブームの総括をしてもらいたい。

となると、あの人しかいない。

レーシングサービス・ディノの代表、切替徹氏だ。

切替さんと言えば、92年頃、F40で常磐道を320キロで走行したビデオが販売され、茨城県警による科学捜査の末、317キロで走行したことが立証され、逮捕されたことが非常に有名だが、スーパーカーブーム当時は、『サーキットの狼』に「マセラーティ・ボーラを友とする切替テツ」という形で登場し、また東京12チャンネル（現テレビ東京）の『激走！　スーパーカークイズ』にも出演して、当時の少年たちの心に深い印象を残した。

いったいどういう経緯で、切替氏はフェラーリの世界に入ったのか。

茨城県土浦市のレーシングサービス・ディノを訪ねると、切替氏は店の奥のデスクで、にこやかに私を迎えてくれた。

「切替さんがこうしてお店にいることなんて、あまりないんじゃないですか？」

「いえ、とんでもない。私は毎日毎日ここで働いています」

「えっ、そうなんですかぁ？」

切替氏というと、バブル期にフェラーリで大儲けするわ、320キロで捕まるわ、常に派手に生きてきた印象が強かったため、まさか毎日店番をしているとは、思いもしなかった。

「私はマツダのディーラーをやめて独立し、このディノをつくってから、クルマしか、フェラーリしか趣味がなかったんです。バブル期に銀座に繰り出してドンチャン騒ぎもしなかったし、外国で豪遊もしなかった。別荘にもクルーザーにも土地にも手を出さなかった。クルマだけだったんです。だからこうして今でもこの仕事をやっていられるんでしょうし、こうして清水さんにも取材に来てもらえるんでしょうね」

そう言って見せる笑顔には、さすがに一筋縄ではいかないものを感じた。

現在でもほぼ毎日、土浦のお店に出勤している切替徹氏。

池沢さとし先生にフェラーリを売った男

切替さんは高校卒業後、地元のマツダディーラーに整備士と

ディノ246GT。近年は「ディノ」と表記されることが多いが、かつては「ディーノ」だった。

して就職、初めてクルマに接する。そのかたわら、糸東《しとう》流という地元の空手道場の道場長として、指導にあたっていたという。

「当時は『燃えよドラゴン』ブームで、生徒がすごく多くてですね、空手の指導員としての収入がとてもよかったんですよ。それで、ディーラーの一メカニックにもかかわらず、コスモ スポーツを新車で買って乗っていました。確か１５０万円くらいしましたね」

その他にベレット１６００ＧＴ、トヨタ１６００ＧＴ、スカイラインＧＴ―Ｒ、輸入車ではアルファロメオ１７５０ベローチェ、そしてロータス・ヨーロッパスペシャルにも乗ったという。

おそるべし燃えよドラゴンである。

「ただ、その頃から私は、雑誌で見たフェラーリのディノのスタイルに憧れてたんです。たまたま友人の結婚式で大阪に行った時、実車が止まっているのを見ることができたんですよ。『あっ、ディノだ！』と思って、乗っていた人に『これ、フェラーリですよね』と話しかけたら、その人は『違うよ、これはフェラーリじゃない。ディノっていうんだ』と答えたんです。それがまたカッコよくてね。『僕はいつかこれを絶対に買おう』と心に誓いました」

ちなみにこれは72年、切替氏24歳当時の話だという（蛇足ながら、エンツォはＶ６のディノをフェラーリと認めず、フェラーリのエンブレムを許さなかったため、形式上、ディノはフェラーリではない）。

切替氏は販売も上手で、このディノとの邂逅《かいこう》当時、メカニックから営業職に回され、マツダ車を売りまくっていた。

「でも、このままじゃさすがにディノは買えないな、と思って、大阪でのディノとの出会いの半年後に、独立して会社を作りました」

こうして切替氏は73年、カーショップ・ディノを設立。当時はワックスやカーアクセサリーを扱い、カー用品ブームの波もあって、かなりの収益を上げた。

「ある程度お金ができたので、会社を始めて1年後くらいには、いよいよディノを買おう、という気になっていました」

氏は雑誌広告で安いディノを見つけ、店に行くことにした。

「それは、目黒通りにあったローデム・コーポレーションというお店で、５５０万円のディノが売りに出ていたんです。当時の相場は７００万円弱だったので、相当安かったんですね」

いよいよ憧れのディノが買えるかもしれない。その思いで頭がいっぱいになった切替氏は、道中うっかり、おばあさんを轢《ひ》きそうになってしまった。

「ハッと気がついて止まれたからよかったですが、本当に肝を冷やしたんですよ」

そして切替氏は考えた。

もしここでおばあさんをはねていたら、ディノ購入は遠のいたはず。でも自分ははねなかった。

これは、ディノを買えという啓示ではないか。

そのようなポジティブシンキングにより、切替氏はその場でディノを買うことを決意。速攻で契約してしまった。

「ただ、安いだけあって、相当なオンボロだったんです。本当に壊れて壊れて……。走れば必ず壊れるという感じでした。でも、乗ると楽しくて楽しくて、とにかくあの音とスタイルが最高だし、コックピットのカッコ良さも最高だし、まったく飽きなかったですね」

そんな時、伊豆の山中でまたもディノが故障。ディストリビューターが壊れてしまった。

なんとか帰還はしたが、部品を注文しても、いつまでたっても入ってこない。

「当時はディノに乗りたくて乗りたくて仕方ない時期だったので、部品が来なくて乗れないことに耐えられなくなって、そうだ、フェラーリ本社に買いに行こう！　と思ったんです」

ムチャクチャな思いつきだが、すばらしい熱さと若さである。

単身イタリアに渡り、鉄道に乗ってなんとかマラネロにたどりついた切替氏だったが、フェラーリ本社が部品1個をバラ売りしてくれるはずもなく、あえなく断られてしまう。

しかしそのかわり、近所の部品も扱うディーラーを紹介してくれた。

「そこに行ったら、ディノの部品が揃っているのが嬉しくて、あれもこれもと買ってしまって、気付いたらお金が足りなくなってしまったんです。仕方なく〝カネが足りないから働かせてくれ〟と頼んだら、近所のレストランを紹介してくれました。本当に親切でしたね……」

レストランで3日間働きづめに働いて無事カネも作り、帰国しようという切替氏に、ディーラーの人が「それだけの情熱があるなら、日本でフェラーリのショップをやったらどうだ」と言ってくれた。氏は天にも昇る気持ちだった。

「無鉄砲なイタリア行きでしたけど、おかげでディーラーとのコネクションができて、部品が引けるようになったし、引こうと思えばクルマも引けるようになったわけです。あの時、思いました。『オレはこれで成功するかもしれない』と」

切替氏がディノを売って次に買ったのが365BB。スーパーカーブームを席巻した512BBの前身モデルで、6連丸テールが特徴。

帰国した切替氏は、カー用品販売のかたわら、フェラーリの修理を手掛けるようになる。

そしてイタリア行きの翌年、75年にはオンボロディノを売って３６５ＢＢを購入。

「あのシーサイドモーターが入れた、チョイ乗りの新古車のようなタマでした。確か全部で１５５０万円だったと思います」

すでにこの頃、切替氏は、それだけの大金を用意できるようになっていた。

そして、切替氏のディノを買ったのは……。

「実は、池沢さとし先生でした」

なんと、池沢先生が初めて買ったフェラーリであるディノは、切替氏から買ったものだった。

その体験をもとに、池沢先生は風吹裕矢をディノに乗せることになったわけだ。

「先生とはロータス・ヨーロッパに乗っていた頃知り合いました。それで、たまたまディノを買ってもらったんですが、なにしろボロでしたから、相変わらず壊れて壊れて大変だったんです。でも先生は、僕に文句ひとつ言わなかった。この人は大物になるな、と思いましたね」

この前年、74年の12月末から、『少年ジャンプ』誌上にて『サーキットの狼』の連載が始まっていた。

「ブームが盛り上がったのは、76年に入ってからでしょうか。当時私はBBに乗っていましたから、信号で止まるたびに、子供たちに写真を撮られるようになりました。イベントにもいろいろ引っ張り出されて、参加しましたね」

そして77年。切替氏と知人は、テレビ東京に『激走！　スーパーカークイズ』の企画を売り込み、あっさり採用される。

「あの番組には、判定役として3ヵ月出演して、コロムビアからレコードも出しました。『真赤なフェラーリ』という曲です。ちゃんとしたレコードで、ソノシートじゃないですよ（笑）」

しかし、モロそのまんまなタイトルである。

「イベントやなんかでも、歌ったんですよ。もちろん口パクでしたけど（笑）」

なんと、切替氏は当時、正真正銘歌手でもあったのだ。

「ただ、あるテレビ番組に出たんです。共演が子門真人とフィンガー5でね。僕はいつものように口パクだったんですが、子門真人は生で歌ったんです。その歌を聞いて、あまりの声量に本当に驚いてしまって、ああ、僕は歌手としては無理だなと、あれで諦めました」

なんと切替氏は、本気で歌手としてやっていこうという気を持っていたらしい。スーパーカーブーム恐るべしである。

77年、コロムビアから発売された切替氏のレコード『真赤なフェラーリ』。

当時からの切替氏のクルマ仲間であり、現在栃木県でスーパーカーショップ「ドリームオート」を経営する上原氏はこう語る。

「切替さんはマスクもいいし、体もガッチリしていたし、それにあのブームでしょう。テレビで顔を知られて、いつも子供のサイン攻めに遇っていれば、スターになれると思っても不思議はなかったんじゃないですか」

考えてみれば、当時切替氏は20代後半。その若さでチビッコたちの憧れの的・フェラーリ365BBに乗り、テレビにも引っ張りだこだったのだから、芸能人になれるかもと思うのも無理はない。

ちなみに上原氏は、切替氏がディノを買ったのと同じローデム・コーポレーションで、切替氏購入の約半年後、同じくディノを700万円で購入したという。当時上原氏はなんと大学1年生。上原氏の実家は、相当な資産家であった。

上原氏が購入したディノは、「ヨーロッパで少しだけ乗られた新古車」だったというが、当時は完全な新車のまま日本に入ってくるフェラーリは多くはなかったようだ。

切替氏のビジネスも、スーパーカー当時はまだ部品の輸入や修理が中心で、「僕も、自分でフェラーリを輸入できるようになったのは、80年くらいからでした」と言う。

ブームとは言っても、その中心はあくまで子供で、フェラーリやランボルギーニを買うわけではない。

相変わらずフェラーリは、恐ろしく貴重な、宝石のようなスーパーカーだった。だからこそ、ディノ、365BBと乗り継ぎ、フェラーリの部品を輸入している切替氏は、それだけで日本におけるフェラーリの第一人者と目されたわけだ。

反面、大人社会にはあまり影響がなかったと、上原氏は語る。

「僕は、ブーム以前からクルマが好きで好きで、それでディノを買っただけですから。ブームの前は、ディノを知っている一般の方なんて、滅多にいませんでした。フェラーリと言っても

『ん？　フェアレディかい』なんて調子でね（笑）。それが、いつの間にか子供たちの間でブームになりましたけど、私はスーパーカーショーにクルマを貸すこともなかったですし、全然影響はありませんでした」

切替氏も、ブームが当時の大人に与えた影響は大きくはなかったと言う。

「当時は、いやあれから相当時代が下がってからも、日本ではスポーツカーと言えばポルシェでした。僕がフェラーリに乗っていると、クルマ好きの人に〝なんでイタ公のクルマなんかに乗るの、故障だらけでしょ〟とよく言われたものです。故障が多かったのは本当ですが（笑）」

購入してすでに30年が経とうとしている365BBだが、信じられないほど素晴らしい状態を保っている。

なにせ、バブル寸前の80年代後半、コラムニストのえのきどいちろう氏が『DIME』誌上で「バカ世界一」というアンケートを取り、「世界一バカな国民はイタリア人」という結果が出て、それが朝日新聞に取り上げられて問題になったくらいだった。私も当時は、知りもせずにイタリア人を馬鹿にしていたし、一般人はフェラーリなんて「高いだけのポンコツ」くらいにとらえていた。

「ただね、イタリア車を馬鹿にする人たちも、実物を見れば、〝でもカッコいいな、いい音するな〟と言わざるをえませんでした。それを聞いて私は〝ほら見ろ〟と思っていましたね」

切替氏は、75年に購入した365BBを、今でも大切に持っている。

いや、大切になどという言葉は生温《なまぬる》い。珠玉の如く維持しているとでも言おうか。

切替氏の好意で、私はその365BBを試乗させてもらった。

走行距離は、なんと20万キロ。しかし、エンジンオーバーホール2回、ミッション・デフ交換、内装2度張り替え等徹底的なメンテによって、コンディションは極上以上。ボディは新車以上に輝き、エンジンは程よく使い込まれた逸品の風情で、くたびれた様子は微塵《みじん》もなかった。

加速性能は、F355あたりと遜色なく、キャブは現代のフェラーリでは決して味わえない、深甚なる雄叫《おたけ》びを上げた。それはまさに珠玉のマシンだった。

行列新記録！　チビッコ大集合のスーパーカーショー

切替徹氏の話はまだまだ続くが、ここで、ブームの主役であったチビッコの話を聞かねばなるまい。もちろん、当時のチビッコは、今すでに中年になっているわけだが。

関口英俊氏、65年2月生まれ。池沢さとし先生の『サーキットの狼』の連載が開始された74年12月は、9歳だった。東京都東部の葛飾区に生まれ育ち、スーパーカーブームにとことんハマって、現在もその延長線上で生きている男である。

「僕はもともと、池沢先生のファンだったんですよ。『サーキットの狼』の前、忍者のマンガの頃から（笑）。あと、『トラック野郎一番星』も好きで、その映画を見に行ったら、もう終わってたのか、岩城滉一の暴走族映画をやっていて、仕方なく見たら、それも好きになって（笑）」

とにかく彼は、『サーキットの狼』が始まる前から、池沢マンガのファンで、『少年ジャンプ』を毎号読んでいた。

「そしたら、ジャンプの巻頭カラーで、池沢先生の暴走族マンガが始まったでしょう。これはすごく僕の好みのマンガだ、わーって思いましたね」

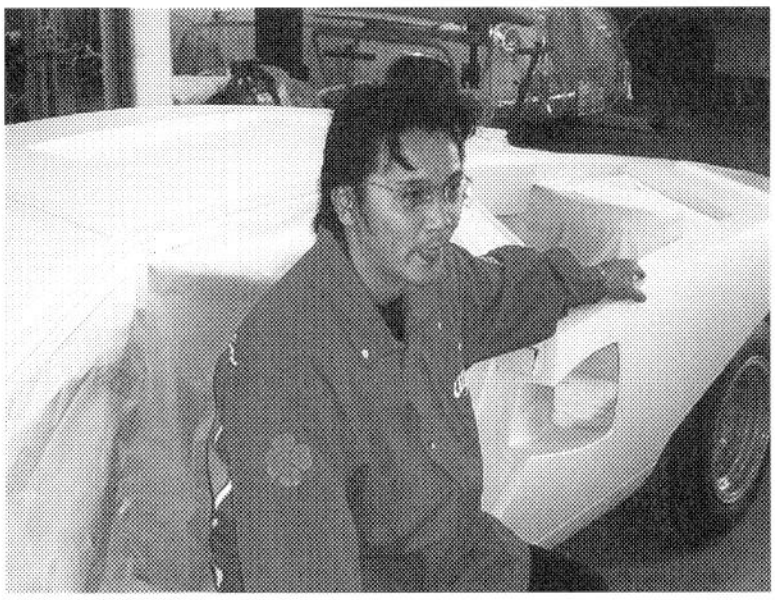

現在、関口氏は埼玉県三郷市で塗装・板金ショップ「ラン＆ラン」を経営。スーパーカーから軽自動車まで幅広く扱っている。

『サーキットの狼』の第1話は、4ページ目までは街道レーサー＝暴走族の説明である。しかし5ページ目でいきなりロータス・ヨーロッパが現われ、6ページ目でスピンターンをかます。〝ロータスの狼と呼ばれる男・風吹裕矢〟の登場だ。

風吹裕矢はすぐに極道連のデ・トマソ・パンテーラとのシグナルグランプリに勝利し、次回ではナチス軍総統の早瀬佐近のポルシェ・カレラRSとの首都高バトルへとなだれ込んで、話はスーパーカー一色となる。

「あの頃僕はまだ小学4年生だし、フェアレディZとかは知ってましたけど、ロータスとか外車は知らなかったですね。

このロータス・ヨーロッパをこよなく愛しあやつる男
本名を風吹裕矢《ふぶきゆうや》という……

〝暴走族〟風吹裕矢はこの65ページ後に喧嘩により流血の惨事に見舞われる。Ⓒ池沢さとし

でも、どんどんマンガに引き込まれて、ブームになるずっと前、連載が始まって割合すぐに、スーパーカーを求めて、金鉱を掘り当てるみたいに、近所を仲間と3人で、チャリンコで走り回ってました」

『サーキットの狼』の連載開始は74年12月末だが、ブームになるのは76年あたりからで、77年にピークを迎え、終焉となる。しかし関口少年は、連載開始間もない75年から、スーパーカー巡《めぐ》りをやっていたという。

「あとのふたりは、それほど熱心じゃなくて、僕に付き合っていたという感じでしたけど、とにかく、授業が5時間で終わる水曜日と、4時間の土曜日とは、たいていパトロールに出てました」

ある日関口少年は、金鉱を掘り当てる。新小岩《しんこいわ》の近く、蔵前通り沿いの中古車屋で、ロータス・ヨーロッパを発見したのだ。

「葛飾区でしょう。あんまりスーパーカーもいないんですよ。最初に見たのは、そのヨーロッパSⅡでした。

実は僕は、ヨーロッパが二人乗りだとは、思ってなかったんですよ（笑）。それが、運転席の後はすぐに壁になってて、天井もペッタンコでしょう。こんなに狭いんだ、と衝撃を受けて、あれで、取り憑《つ》かれましたね」

狭さに感動して取り憑かれたというのが爆笑だ。

「それから、実車を見た衝撃、感動が忘れられなくなりました」

さらにある日、関口少年ら3名のチビッコは、柴又で再びロータス・ヨーロッパを発見する。

「ボディショップ・ハッピーという板金屋さんに、ケンメリとスターレットが並んでて、その2台はシャコタンで、その横に、ロータス・ヨーロッパがあったんです。あの光景は、今でも忘れないです。誰もいないんで近付いてみたら、カギも開いてんで、勝手にドアを開けて座ってたんですよ。そしたら、怖いオヤジが現われて。『なにやってんだ』って怒られて、ヤベーッって思ったんですけど、謝ったらすぐ許してくれて、しばらく座らせてくれました。黄緑色のヨーロッパでした。それからその板金屋は、僕らのパトロールのルートに組み込まれて、それからも2～3回かな、座らせてもらいました。心に焼き付いてます」

その後彼がその板金屋で働き、さらにその後、ロータス・ヨーロッパを買って、黄緑色に塗ることになろうとは、知るよしもなかった。

「それと、月に1回くらいは、環8や目黒通りの方まで、電車で遠征しました。オートロマンとか、チェッカーモータースとかを見に。その頃はまだブームが始まってなかったので、よかったです。ブームになってからは、お前らあっちに行けって、中にも入れてくれなくなりましたけど、最初の頃はそんなことなかったです。

それで、オートロマンだったかな、初めてディノを見たんですよ。ディノって、サイドにエアインテークがあるでしょう。マンガにも描いてありましたけど、本当にあんなところに穴が開いているんだ、腕が入っちゃうくらいの大きな穴が、って、すっごい驚いて。国産車で、あんなところに穴が開いてるクルマなんて、ないじゃないですか。すっごいクルマだなあって、感動しましたね」

チビッコだけに、感動するのは、室内の狭さやボディの穴だったのである。

「関口さんは、どれくらいの頻度で目黒通り参りをしてたんですか」

「子供なんで、そんなに小遣いないじゃないですか。せいぜい月2回くらいですねぇ」

「月2回も行けば十分でしょう（笑）。で、行って何してたんですか？」

「だから、田園調布の駅で降りて、環8に出て、目黒通りに出て、歩いて、スーパーカーのお店見て、写真撮って、目黒通りをスーパーカーが通りかかれば撮って、最寄りの駅から帰りました」

「それだけですか」

「それだけ……ですねぇ」

リーゼントに似合わず猛烈に木訥《ぼくとつ》な語り口の関口氏は、ひたすら淡々と語った。

「僕が小6っていうと76年ですけど、その頃はもうブームになってたんで、地元の子供は、しょっちゅう写真撮れるじゃないですか。だからそれを売り付けられたりして、羨ましかったですねえ」

「買ったんですか」

「いや、買わなかったと思います」

「ほかには？」

「あ、土浦の、切替さんのレーシングサービス・ディノにも行きましたよ」

「関口少年」はディノにて切替氏が所有していたマセラティ・ボーラの前でオスマシ顔。

「それは何年？」

「確か76年です」

「ということは、切替さんは365BBですね」

「いや、その頃はマセラティ・ボーラでした」

「あれ？」

「切替さんがBBにしたのは、もうちょっと後じゃないですか。レコードも、『真赤なフェラーリ』のB面は『マセラティの旋風《かぜ》』かなんかでしたし」

　そう言えば切替氏は、『サーキットの狼』にも〝マセラーティ・ボーラを友とする切替テツ〟として登場しているわけで、ボーラに乗っていた時期もあったはず。私が切替さんのところに取材に行った時は、「フェラーリのことを聞かせてください」とお願いしたので、ボーラの話は飛ばしたのだろう。

つまり切替氏は、75年にディノからボーラに乗り換え、翌76年にボーラからBBへと切り替えたと考えるのが妥当か（その後再確認したところ、BB購入は76年12月だったと判明した）。

「それと、そうだなあ、男子はたいていスーパーカー消しゴムで遊んでたし、とにかくスーパーカーで盛り上がってたんですけど、僕はその頃、学級ニュースのお便り係やってたんで（笑）、そのすみっこに『今週のスーパーカー』ってコーナー作って、勝手にスペックを書いたりしてました」

「お便り係……。心が温まりますね」

「あとは、77年に晴海《はるみ》でやった、サンスター・スーパーカーショーですね」

「いわゆる、スーパーカーショーの最大のものですか」

「そうですねぇ。サンスターのなんかを買って応募すると、抽選で券が当たるっていうんでしたけど、俺は近所の店の知り合いのオバチャンに券をこっそりもらって、行きました」

「すごい人だったんですか？」

「俺は初日に行ったんで、そうでもなかったんですけど、週末には、確か晴海の国際展示場でしたっけ、あそこの行列の最高記録を作って、それはずっと破られなかったらしいですよ。ホテル浦島の方まで並んだ、とかって」

その時は、今は無き晴海の国際展示場が、チビッコ天国と化したようだ。

しかし、その時デデンと展示してあったオレンジ色のランボルギーニ・カウンタックＬＰ４００を、それから四半世紀後、当の関口氏本人が買うことになるとは、もちろん本人は知るよしもなかった。

とにかく、スーパーカーブーム当時、それにハマッたチビッコたちは、

国際貿易センターで開催されたスーパーカーショー。徹夜組まで出たほど大盛況。

消しゴムなどの小物集め
スーパーカーを求めてのチャリンコ&電車での写真撮影行脚
スーパーカーショー見物

これを三本の柱として活動していた、と考えていいだろう。

中古フェラーリ専門店『ナイト』の店長・榎本修氏（昭和42年生まれ）も、それに沿った証言をしている。

「当時は、スーパーカーメンコやスーパーカー消しゴムを集めてですね、それから近所のデパートでのスーパーカーショー、私は神奈川県相模原市だったので橋本のデパートでしたが、それを見に行ったり、あとはチャリンコで写真を撮りに行く。これに尽き

ました。近くにベーエムベーがあると聞いただけで、うおおお〜という感じで出掛けましたが、実物が意外とショボくてガッカリしました。近所の北里大学病院の学生がマセラティに乗ってるらしいと聞いて出掛けたりもしましたが、結局見つからずに、仕方なくザリガニ採りをして帰りました（笑）」

確かに巨大なブームであったことは間違いないが、しょせんチビッコ。そんな特別な活動ができるはずもなく、やることはおおかた決まっていたようだ。

スーパーカーの王様「カウンタック」

そのあたりをもうすこし詳しく調べるため、私は自身のＨＰ『清水草一・ｃｏｍ』で発行しているメールマガジン『節約通信』にて、スーパーカーブーム体験者のみなさんにアンケートを呼びかけた。

その結果、わずか5日間で１７１名もの方から回答をいただき、貴重なデータを得ることができた。

アンケートの第1問は、「あなたが当時好きだったスーパーカーを、1位から3位まで3台挙げてください」とした。

その結果が、この表だ。

	車　名	得点	1位の数	2位の数	3位の数
1位	ランボルギーニ・カウンタック	284	71	31	9
2位	フェラーリBB	189	29	38	26
3位	ランボルギーニ・イオタ	103	18	19	11
4位	ランボルギーニ・ミウラ	100	20	12	16
5位	ポルシェ911系	74	11	14	13
6位	ランチア・ストラトス	57	4	11	23
7位	ロータス・ヨーロッパ	47	9	6	8
8位	ディノ	39	5	7	10
9位	フェラーリ308	27	2	7	7
10位	デ・トマソ・パンテーラ	15	—	3	9
11位	マセラティ・ボーラ	13	2	2	3
12位	童夢・零	7	—	3	1
12位	ロータス・エスプリ	7	—	2	3
14位	マセラティ・メラク	3	—	—	3
15位	フェラーリ・デイトナ	2	—	1	—
15位	日産フェアレディZ432	2	—	1	—
17位	BMW・M1	1	—	—	1

※1位3点、2位2点、3位1点として得点を集計

予想はしていたが、ランボルギーニ・カウンタックが圧倒的に強い。1位に推した人数では、2位のフェラーリBBにダブルスコア以上の大差をつけている。

以下イオタ、ミウラ、ポルシェ911系、ストラトスと続くが、カウンタックの人気はあまりにもダントツである。

「ガルウィングドア、300キロの最高速、リトラクタブルヘッドライトなどと、小学生の僕にとっては、やはりスーパーカーの王様でした」

「とにかくダントツすげーかたちが好きだった」

「あのペキペキでカクカクした形と、ガルウイング式のドアに憧れまくった」

「超未来的。なんじゃこりゃ、という感じ」

現在、関口氏がオーナーとなっているオレンジ色のカウンタックLP400。

「異次元の世界を感じさせてくれました」

「とにかくこの世でもっともスッゲエ物と思っておりました」

「言うまでもなく〝キングオブスーパーカー〟です」

「三角定規で描けるようなカタチのクルマが好きだったので」

「ガルウィングドアといい、スタイルと言い、強烈でした。しかもスーパーカーショーで見たウルフ仕様のカウンタックはマフラーエンドが12本！　今思うと笑っちゃいますけど」


カウンタックに対する称賛の言葉は尽きない。そこに実体験が加わると、一生消えないほどの傷跡（？）となる。

「小学生2、3年生のある日、白いカウンタックが路駐しているのを発見して、心臓がドキドキした。しかも偶然にもドアが跳ね上がって、さらに大衝撃。一緒にいた親父がポツリ。『カウンタックは普通じゃないな』。小学生のボクでも胸ほどしかない車高は、違う世界から来た乗り物だという雰囲気バリバリだった。ホント、カウンタックがダントツ好きで、ヘッドライトが発光可能なプラモを3回も作ったが、当時宮崎のプラモ屋にはムギ球などという気の利いたものは売っていなかったので、とても悔しかった。そのプラモのガルウィングドアを何度も開け閉めしていたら、ドアヒンジが金属疲労で折れてしまって、涙が止まらなかった。思い出したら泣けてきた」（2児のパパ・Kazoo！　33歳）

「3〜4歳ぐらいの頃、私は本当に車が大好きで、お盆とかお皿とか丸いものは、何でもハンドルにして回していました。そしてカッコイイ車は全てカウンタックだと思っていました。そんな私を父親がスーパーカーショーに連れて行ってくれました。その会場には、大好きだったLP400が展示されていました。もちろんロープが引いてあり、近づけないようになっていました。ですからロープの外からカウンタックを眺めていたのですが、どうしてもハンドルを回してみたかったのです。そこで、泣きわめいて粘り続けたところ、係員の一人が何とカウンタックの運転席に乗せてくれたのです。私は力一杯ハンドルを回そうと思ったのですが、なんせ実物はとっても大きく、今の体の割合から考えると、フラフープぐらいに感じたと思います。本当、死にそうになるくらい嬉しかったのを覚えております。その感動があまりにも大きく、自動車の免許が取れるまでの間、ラジコンカーで気を紛らわしていましたが、気が付いたらラジコンメーカーの社員になっていました」（Ishikun　29歳）

カウンタックの対抗馬、フェラーリBB。

なんせ、「カウンタック以外には興味はなかったような気がします」という方も、かなりいらっしゃるのである。

では、フェラーリはどうだったのか。

ダントツのカウンタックに対して、フェラーリBBは一応2位の座を確保しているが、これは365と512を合体して集計した数字である。

「当時の僕には、365と512の差がまったくわかっていなかったので、どちらでもいいのですが、多分、数字が大きくて新しい分512の方がいいと思い込んでいたようです」（ピエール2004　34歳）

対する3位のランボルギーニ・イオタは、ミウラのレーシングバージョンという位置付けの幻のマシン。4位のミウラとは極めて近い存在だ。この2台の違いに関しては、はっきりわかっていたというコメントが多かったのであえて分離したが、仮に2台を合体集計すればBBを上回り、ランボルギーニのワン・ツーフィニッシュとなる。

メーカー別のランキングを見ても、ランボルギーニは圧倒的で、フェラーリの約2倍の得票となっている。

こうして見ると、スーパーカーブームとは、実はランボルギーニブームであり、フェラーリやポルシェはその引き立て役にすぎなかったという見方もできる。

「当時のランボルギーニといえば、カウンタックが人気なんですが、何故か、ミウラが好きでしたね。何故、ランボルギーニというメーカーがスーパーカーを作るに至ったのかとかの逸話（耕運機を作っていた田舎モノの社長が、フェラーリを買いに行ったら、売ってくれなかったから自分で作ったとかいう、ランボルギーニの歴史みたいなもの）を、当時のスーパーカー雑誌で読んだ記憶が残ってます。事実関係は知りませんが、そこで始めて、フェラーリの存在を知りました」（どかん　38歳）

フェラーリに触発されて誕生したランボルギーニだが、逆に日本のチビッコは、ランボルギーニに触発されてフェラーリの存在を認知していたのだ！

もちろん、中にはこういう方もいる。

「1位／フェラーリ512BB、2位／やっぱり512BB、3位／しつこいですが512BBです。1も2もなくBBです。BB以外はどうでも良かったんです。友達の多くはカウンタック派でしたが、私はBB一筋でした。理由はカッコイイ、それだけです。前からみても横からみても後ろからみてもどっから見てもカッコイイぜ〜とベタ惚れでした。最高速がカウンタックより2㎞／h速かったのも、子供心にカッコイイと思う要因でした（これは365ですよね。でも子

供の私には違いがわかりませんでした）」（フェアリーナイト　36歳）

「僅差で1位／365BB。特にフロントのライト部分？の色が黄色で胸きゅんだったのです。今見ても、ため息が出るほどきれいなボディーラインと、たしかカタログの最高速数値が302㎞／hと、ライバルよりからくも2㎞／h速く表記していた点。当時子供だった私でも、これは笑いました。

当時の人気メーカーランキング

	メーカー名	
1位	ランボルギーニ	487点
2位	フェラーリ	257点
3位	ポルシェ	74点
4位	ランチア	57点
5位	ロータス	54点
6位	マセラティ	16点
7位	デ・トマソ	15点

（サンプル数／171名）

2位／カウンタックLP500S。とにかくスタイル！　それにつきます。巨大なリヤウイングのインパクトは強烈でした」（みち　40歳）

圧倒的な迫力で迫るカウンタックのスタイルに対して、BB派のよりどころは、美しさと最高速。特にインチキとして名高い〝公称最高速302km／h〟にひかれたという声が多い。

いずれにせよBBは、カウンタックに対するアンチテーゼであり、いわば阪神のような存在であった。

「小学4年の時こんなことがありました。クラスでフェラーリ派とランボ派で完全に二つに割れて、帰りの掃除の時机を前にやって決闘になりました。僕はフェラーリ派だったのですが、ランボ派にひとり喧嘩の強いのがいて大敗しました（笑）。でも今でもF派ですし、喧嘩には負けましたが、当時F派でよかったと思っています（笑）」（Miki＠山梨　37歳）

「私の通っていた番町小学校3年2組は、512BB派、カウンタック派にまっぷたつに分かれ、日々、スーパーカー消しゴム、コーラの王冠を武器に抗争が繰り広げられていました。子供心にも、BBは2㎞／h最高速が速い、スーパーカー＝300㎞／h以上で一番速いヤツという伝家の宝刀、寄らば大樹の腑抜けた発想で、私は断じて512BB派でした」（鍵蔵　37歳）

『サーキットの狼』では、常に脇役だったカウンタックとBBだが…。Ⓒ池沢さとし

この時速2kmの差が子供たちにとっては重大な関心事だった。

では彼らチビッコの日常は、具体的にどんなものであったのだろう。

スーパーカー少年の行動パターンは、スーパーカーを求めてさまよい写真を撮ること、スーパーカーショーに行くこと、そしてスーパーカー消しゴムで遊ぶこと、この3つが主であったことは、すでに述べた。

「僕は名神高速に張り込みました。一日張り込んでポルシェ一台くらいでしたが、より大きく写真を撮りたいため（当然望遠なんて持っていませんから）、最後は路肩にまで侵入しました。何日かたった日、高速隊のパトカーに見つかり大説教！　高校1年生の兄貴と二人（僕は中2）だったのですが、警察の『どこの学校だっ！』の問いに兄貴がすかさず『○○中学です！』って……。目がテン！　翌日、全校生徒に各担任から『高速道路に侵入した馬鹿がいる。すぐに止めろ』と言われ、自分だとバレていないかと本当にヒヤヒヤしました。その日以降、路肩から200mほど行った先のSAで張り込んでいた懲《こ》りない奴でした」（かしこ　41歳）

「子供の頃、神奈川県の二宮町に住んでいたので、場所柄、箱根へドライブする金持ちのスーパーカーを西湘BPや小田原厚木道路などで昔から見れた環境でした。だから一日、道路が見える場所でスーパーカー消しゴムで遊びながら、それらしきクルマが通るのを楽しみにしていた記憶があります」（神奈川県・どかん）

こうやってスーパーカーが見られる環境にいた子はよかったが、そうでない子も当然いた。

「修学旅行で東京・横浜方面へ行った時に、当時はブームの真っ只中だったので、クラスの男子は全員、見学などどうでもよくて、バスの窓からスーパーカー探しばかりしていました（当時茨城の田舎ではほとんど見ることはできませんでした)。こんなバスの中の行動に、この子たちはちっとも私の話を聞いてくれないと、バスガイドさんの具合が悪くなってしまいました。その後先生に『あなた達はスーパーカーを見に来てるのではありません、勉強に来ているのです』と怒られました」(茨城県・とし　37歳)

そしてスーパーカーショー。これはチビッコたちの晴れ舞台であった。

「生まれて初めてのスーパーカーショー(三保文化ランド。私の家よりおよそ100㌔ぐらい)に行く時に、東名に乗ってすぐに父親の運転する車がパンクし、何だか暗雲が立ち込めたような気がしたのですが、やはり会場についてカウンタックが来てなかった！　大ショックでした。係の方の説明では『エンジンがかからないため、今日は来れません』。こんなに悲しかった事はありませんでした。翌日行った友達は『カウンタック見れたよ』と聞き、また悲しくなった思い出があります」(静岡県・いなこう　愛車/F355GTS、足車はオデッセイとバモスとジムニー)

「スーパーカーショーには、地元のスーパーでやったのに1回と、あとは修善寺のサイクルスポーツセンターで1回。計2回行

撮影に余念がない少年たち。やはりガルウイング・オープン状態が基本だ。

きました。サイクルスポーツセンターのショーの時、抽選でスーパーカーに乗ってコースを回れる、というのがあって、家族で並んだのですが、妹がグズって列から出てしまいました。すると本当は妹が貰ったであろう僕の次の番号の子が、デトマソに乗れる権利をゲットしたのです。僕は悔しくて悔しくて妹を泣かし、自分も号泣しました」（静岡県・げん　33歳）

スーパーカーショー見学の平均回数は1・36回。ただし半数近い子は、地方在住といった理由で一度も見ることができていない。

学校の休み時間は、スーパーカー消しゴムの出番だった。

「スーパーカー消しゴムは、約200個持ってました。クリープの空き瓶に、台所から盗んだ食用油を入れて、そのなかに消しゴムを漬け、硬さを増す。すると滑りが良くなり、弾くとかっとんで勝負に強くなります。ボールペンもバネを改良しかっ飛ばしてました」（JBゲロッパ　36歳）

「スーケシは、200個は下らなかったと思います。セメダインで裏をカチカチに固めて超ハイスピード仕様を競っていたもんです。BOXYのボールペンも言わずもがな、必須のアイテムです。内蔵バネは2本以上でした」（埼玉県・西ぷにー　37歳）

「1000個以上ありました。学校の行き帰りでガチャガチャをし倒して、毎日のように怒られました。母親は『お前が結婚したら、どんなバカなことに熱くなっていたかお嫁さんに見せる』

と相当数の消しゴムを保存、実際に嫁さんに見せました……」（301蕩尽）

スーケシの平均所有個数は55個。といってもこれは、一部の極端に多い人が引き上げた数字で、10個前後というチビッコが多かったことが、アンケートからうかがい知ることができる。また、机の上のスーケシ勝負のレギュレーションは、各校、各クラスによって微妙に異なったようだ。

とにかくスーパーカーは、当時のチビッコたちの心に、深く深く食い込んだことがよくわかる。そんな数多くの回答の中から、特に素晴らしい一通をここにご紹介したいと思う。

「清水草一様
ベストカーの大乗フェラーリ曼陀羅をいつも楽しみに読んでいます。

これは、ブームがほとんど去った頃のことです。

私は子供の頃、大阪・帝塚山《てづかやま》の祖母の家によく遊びに行っていました。家の前の大通りは路面電車が走っていて（現在も走っています）、外車もけっこう多く見かけました。私はいつもカメラを持っていて、めずらしいクルマが通るとシャッターを押していました。

スーパーカーはめったに見ませんでしたが、たまにポルシェ911が通り、そんな時はいつも興奮してカメラを向けたものです。一度だけブルーの365GT4/BBに遭遇したのですが、そんな時にかぎってカメラを構えるのが遅れてしまい、BBを見た嬉しさよりも、写真を撮り逃したショックのほうが大きかったです。

1978年の秋のある日。その日も祖母の家に行きました。

家に着いた時のこと、その大通りの遥か向こうに、赤くなにか低い気になるクルマが停まっているのに気付きました。

もしやと思い、急いでそのクルマのところへ行くと……、なんとなんと、それはカウンタックだったのです!

その時の驚きと興奮をお察しいただけるでしょうか。スーパーカー中のスーパーカー、スーパーカーショーでしか見ることができないと思い込んでいたそのクルマが、今、目の前にある。それもこんな身近な場所で。

それまでカウンタックを見たのは2回。いずれもスーパーカーショーでのことでした。ショーで見たカウンタックは、もちろんカッコよかったけれど、興奮したり感激することはなかったのです。

どうしてか?

ショーでは他にも数多くのスーパーカーがあるので、カウンタックもその中の1台にすぎないから? なるほど、そうかもしれません。でも……。

偶然性、これだと思うのです。こんな時に、こんな所でというのが大事なんじゃないでしょうか。スーパーカーショーに行けばそこにある、必ず見られる。でも、いつも通る道、よく行く場所で、偶然スーパーカーを見られたからこそ、驚き、感激し、ときには忘れられない思い出になるのです。

話がそれてしまいました。興奮しながらも、用意していたカメラでカウンタックを撮りました。そして間近でじっくりと見ました。

写真で初めて見た時に感じた〝これはクルマではない〟カタチは、こうして本物を目の前にしてもやはり、これがクルマのカタチだとは思えないものでした。周りの平凡な風景が、なおいっそうそのことを強く印象づけたのかも知れません。

コンビニで不意に「大好きなアイドル」に遭遇したような幸福感…。

私のカウンタックに対する特別な思いは、この時からゆっくりと確実に膨らみ始めたようです。

できればオーナーが現れて、あのドアを開ける様子や、V12エンジンの音を聞ければと思い、しばらく待っていました。けれど、時間が過ぎるばかりで、結局あきらめることにしました。

その場を離れるのはなんとも複雑な気持ちでした。それまで、スーパーカーに遭遇した時は、911は別にしても、BBや308、あるいはウラッコ、トヨタ2000GTなどの大物は、いつも一瞬の出来ごとで、写真を撮ることすらできないことも多かったのです。それなのに、カウンタックはまだそこにあるのに、逆に自分のほうから別れなければならないとは。

ひとつだけ残念だったことがあります。

それは、こんな素晴らしいクルマが停まっているのに、関心を持つ人が、もはやほとんどいなかったことでした。

その日は、スーパーカーブームが過ぎ去ったことを実感した日でもあったのです。

1978年11月23日の思い出でした。

奈良県・冨田輝夫 38歳」

このすばらしい物語に、私が付け足すことは何もない。

ブームは77年を頂点に急速にしぼみ、チビッコたちはスーパーカーのことを忘れた。それはまさに、風船の端から指を離したような勢いだった。

私が小学生の時、ドリフの『8時だョ！　全員集合』で、カトちゃんが演じる「ちょっとだけよ」が爆発的なブームとなった。しかしそれは、半年ほどで、まるでそんなものはこの世になかったかのように消え去った。スーパーカーブームもそうだったのだろう。

しかし、中には、決して忘れることなく、心の中にしまいこんだ者もいた。

冨田さんもそのひとりだった。

「あなたの現在の愛車はなんですか」という問いに、冨田さんはさりげなく、

「ランボルギーニ・カウンタックLP400」

と記していた。

「一時の熱狂」で終われなかった男たち…

ブームとは恐ろしいもので、最中の熱狂度に比例して、去ったあとの冷め方も激しい。いや、熱狂すればするほど、冷めるを通り越して、恥ずかしいものになってしまう。

前頁で、ブームの引き合いに『8時だョ！ 全員集合』の「ちょっとだけよ」を挙げたが、「下くちびるベロンチョ」にせよ、「東村山音頭」にせよ、「聖子ちゃんカット」にせよ、「ジュリアナお立ち台」にせよ、熱狂的だったブームほど、去った後は寂しい。

当然、スーパーカーブームもそうだったはずだ。

78年11月、すでにカウンタックに振り向く人は誰もいなかったというが、その頃にはきっと、カウンタックに対して「ふ〜ん、まだカウンタックなんかあるんだぁ」みたいな視線を投げかける人もいただろう。ブームがとっくに去ったのに、まだ聖子ちゃんカットやってらあ、という感覚で。

しかしスーパーカーは、聖子ちゃんカットと異なり「モノ」であった。誰になんと言われよう

と、カウンタックはカウンタックのまま、BBはBBのままだった。

しかもそれは、まごうことなき本物、魂がこめられた人間の情念のカタマリであり、一種永遠不滅の輝きを持つアートだった。

そういうモノに、日本全国のチビッコが熱狂した。そこにスーパーカーブームの特殊性がある。

多くのチビッコは、スーパーカーブームを一時の熱狂として記憶にとどめただけだったが、中にはそうではなかった人もいた。前出の冨田氏もそうだが、以前ここで紹介した関口英俊氏は、まさにその代表だ。

関口氏は「ブームは終わっても、心の中にはずっとあったんスよ」と語る。

「ブームの後、中学ではキャロルとキッスに熱狂したし、高校時代はバイクに熱中して暴走族やりましたけど（笑）、スーパーカーのことは忘れてませんでした。中学生の頃には、将来どうやったらスーパーカーが買えるかなぁ、と真剣に考えてました」

真剣に考えた結果関口氏は、工業高校の建築科に進んだ。というのも、「ウチの裏に引っ越してきた一家が子だくさんの11人兄弟なのに、けっこういい暮らししてたんですよ。そのお父さんが建築関係だったんで、建築ってのは儲かるんだろうなと（笑）。俺もガン吹き親方にでもなって、将来スーパーカーに乗ろうと思ったんです」という理由だった。

しかし関口氏の卒業時は建築業界が大不況で、しかたなく食肉問屋に就職。朝6時から夜9時までトラックで得意先まわりをするハードな生活に突入する。そのかわり遊ぶ時間もなかったので、１年半で１５０万円ほどの貯金ができた。

そこで関口氏は、ためらいもなくロータス・ヨーロッパを買った。モデルはＴＣ、値段は２３０万円。なんと19歳だった。

「スーパーカーの中で自分が買えそうなのは、ヨーロッパしかないって思ってましたからねぇ」

と謙遜するが、すばらしい突進力と言うしかない。

「でもあれで、一生懸命やれば夢はかなうんだなぁって、体で覚えましたね」

まずは、当時、一番手頃なスーパーカーだったロータス・ヨーロッパを購入。

その後の関口氏は、スーパーカーまっしぐらの人生を突き進む。

食肉問屋から板金職人に転職、２年後には小学生の頃遊びに行っていたロータス・ヨーロッパのある板金ショップ「ハッピー」に就職。自身のヨーロッパも、ＴＣからＳⅡに買い替えた。

その頃関口氏には、新たな野望が芽生えていた。

「ロータス・ヨーロッパの次は、ディノとミウラとカウンタックとジャガーＥタイプを制覇する」というものだった。

その計画はバブル期のスーパーカーの暴騰によって一時頓挫《とんざ》

夢の夢だったカウンタックまでも手に入れた。

するが、90年、ヨーロッパを手放し、心に決めた4台の中で唯一なんとか買える値段だったジャガーEタイプ（約１０００万円）を購入。93年、板金ショップ「ガレージＲＵＮ＆ＲＵＮ」を設立して独立、スーパーカーの取り扱いを得意として業績を伸ばし、96年、ついにディノをゲット。98年には「とりあえず乗ってみっか」という感じでＦ３５５を買ったが、それを気に入ったある人から、「俺のクルマと交換しないか」と言われる。

それこそ、あのサンスター・スーパーカーショーで主役を張った、オレンジ色のカウンタックＬＰ４００のオーナー氏だった。

こうして関口氏は、ロータス・ヨーロッパに始まりジャガーＥタイプ、ディノ、そして伝説のオレンジ色カウンタックＬＰ４００までも手に入れた。その過程で食肉問屋勤務から板金職人となり、自分の会社を興《おこ》し、買うだけでなくあらゆるスーパーカーを自らの手で板金・塗装するようになった。

恐ろしいほどピュアな人生である。

「あとはミウラだけなんスよ。ここまで来たらオトシマエ付けたいスね」

そんな憧れのミウラも、板金・塗装の仕事では、時おり入庫している。

「初めてミウラをローダーに積んで自分の工場に持って帰った時は、嬉しかったスねぇ」

しかし私はまたも思う。「やっぱりランボルギーニなのか」と。フェラーリは……？

それを語るのに最適な人材が、私の身近にいることを忘れていた。

私が5台のフェラーリを購入した町田《まちだ》の中古フェラーリ専門店「ナイトインターナショナル」の榎本修店長だ。

店長は1967年生まれ。ブームがピークを迎えた77年当時に小学4年生という、まさにスーパーカーブーム世代である。彼もブーム当時はカウンタック信者で、「カウンタック以外はどうでもよかった気がします」と述懐するが、その後フェラーリの道に深くハマり、現在にいたっている。

ナイトインターナショナル・榎本店長

　カウンタックからフェラーリへの転換は、どのようなきっかけで起きたのか。

「実は、ブームが終わってからは、どーでもよくなってましたウフフフフ〜」

　これはある意味仕方ないだろう。私も故・いかりや長介氏の「下くちびるベロンチョ」は、亡くなって思い出したくらいである。

「でも、やっぱり心のどっかにはあったんですよ。僕が免許を取

フェラーリ・テスタロッサが、榎本氏の心に再び火をつけた。

って最初に乗ったのはスカGジャパンでしたし、最初に自分で買ったクルマは、ミッドシップのトヨタMR2スーパーチャージャーでしたから。スーパーカーのほんの一部でも味わいたかったんです」

榎本店長は東海大学工学部機械工学科を卒業後、エンジニアとしてトヨタ自動車に就職。元町《もとまち》工場に配属され、部品設計に携わることになった。

時はまさにバブル期。残業残業の忙しい毎日に、ある日転機がやってきた。

「それは、メイテックの関口社長がきっかけでした」

メイテックの関口社長と言えば、当時スーパーカーを社用車として多数所有し、慰労目的で社員を乗せたり、富士スピードウェイを借り切って社内モータースポーツイベントをブチ上げたり、所有していたF40が燃えてしまったり、とにかくドハデな行動でマスコミに取り上げられまくっていた。その後競走馬問題でメイテックを追われたが、しぶとく再起し、現在も大金持ちのおじさまとして、テレビ番組にご出演なさっている。

「メイテックの関口社長のテスタロッサが、トヨタ自動車元町工場の僕の部署にやってきたんです」

「え？　それはどうして？」

「当時メイテックは、トヨタに大量に社員を派遣していたんです。つまりトヨタは大のお得意様なわけで、その友好関係の一環として、どうぞご覧になってくださいという感じで、トヨタの各部署をテスタロッサが巡回したんですよ」

「へぇー」

「で、その時僕の同僚たちが、あのフェラーリ・テスタロッサを前にして何をしたかといいますと、巻き尺とか定規を持って、測ったんですよ。ドアとボディのチリが何ミリかとか、ボンネットのたてつけはどうかとか、そういうところを計測して、ああここはウチの方が上だとか、やっぱりたいしたことないなとか、そういうことを言っていたんです」

「へぇー。さすがエンジニアというか、トヨタ的というか」

「……清水さん、その時僕を襲ったのは、決定的な敗北感でした。みんなフェラーリのいったい何を見ているんだ、定規でフェラーリ測ってんじゃねぇ！　と心の中だけで思いましたウフフフフ～」

なんとなくその光景が思い浮かぶ。恐ろしいほどの存在感を放つ真っ赤なテスタロッサを前に、そういった本質には不感症の技術バカが、よってたかって計測する。まさに群盲象を撫でるである。

その中でたったひとり、若き榎本店長だけが、輝くテスタと、その粗《あら》を探してバカにする同僚たちとの落差に、内心激しい衝撃を受けていた。

「一度はあきらめていたスーパーカー、特にフェラーリに対する思いがですね、あの時を境に僕の中で再燃したんです。ここにいたら一生フェラーリは買えない。なんとかしなくちゃいけないという、激しい焦りで夜も眠れないほどでした」

時はバブル末期、１９９１年。スーパーカーの価格は天井知らずに高騰していた。榎本店長が焦ったのも無理はない。

「それで、すぐにでもトヨタを辞めたかったんですが、当時僕は3代目ソアラの全然見えないところの部品の設計変更を17点担当してまして（笑）、今やってる仕事を終わらせてからじゃないとまずいだろうというのがあって、それが終わった半年後、入社丸3年で退職して、地元の相模原に戻ったんです」

フェラーリは、カウンタックの代償物なのか…⁉

相模原に戻った榎本氏は、自動車雑誌のスーパーカー屋の広告を目を皿のようにして見、自宅から通えそうな店を探した。そして八王子の店に電話し、履歴書を持って訪れた。

「とりあえずですね、フェラーリを買えないまでも、スーパーカーに接することができる環境にいようという、かなり軽薄な動機でしたウフフフフ〜」

榎本氏は面接に合格し見事一発入社。後に営業部長にこう言われたという。

「入れてくださいっていう若いヤツは腐るほどいた。でもな、その中からキミだけを入れたのは、目の輝きが違ってたからなんだよ」

きっと榎本氏は、飢えた狼のような目をしていたのだろう。

ただ、時はすでに92年。バブルは崩壊し、スーパーカーの相場もガラガラと崩れつつあった。

「入ったとたん、僕の入社前に3000万円で仕入れたクルマを1000万円で投げ売りしているような状態でしたから、長くは保《も》たないかもしれないと思ったんですけど、やっぱり1年もせずに潰れました」

閉店直前、榎本氏は現在の「ナイト」の社長に引っ張られ、移籍。その後現在に至るまで店長を務めている。夢だったフェラーリも、95年にブルーの328を購入した。ただ、その時はすでに、商売道具としてフェラーリに毎日接する立場になっていたので、割合早く手放してしまったが。

フェラーリ328は、V8フェラーリのひとつの完成形と、人気は今でも高い。

「ところで、店長はスーパーカーブームの時はカウンタック命だったわけでしょ。でもオトナになってから目指したのはフェラーリだった。それはナゼ？」

「それはですね、やっぱりカウンタックってのは現実的じゃなかったんですよ。フェラーリくらいなら、なんとかなるかなってのがあったんだと思います」

カウンタックのデザインは、ジェット機よりもUFOに近かった。

「えっ!?　じゃあ、フェラーリは、カウンタックの代償物なわけ？」

「そうですね。自分の心の本当の本当のところを言えば、一種の妥協だと思います」

　があぁぁぁぁぁぁぁぁーん。

　なんと、フェラーリ屋の店長までが、「フェラーリはカウンタックの代償物」と語るとは。

「実はですね、僕はこないだ出た清水さんとテリー伊藤さんの本、『間違えっぱなしのクルマ選び』（楽書館刊）のフェラーリの項を読んで、なぜ清水さんがあれほどカウンタックやランボルギーニをけなすのかが初めてわかったんです。ランボルギーニのエンジンなんかデカいだけで、官能とか芸術なんてまるでないと、そういう理由だったんですね」

「そうだよ。僕はとにかくフェラーリエンジンに、もっと言えばフェラーリサウンドにヤラレたわけだから。フェラーリエンジン至上主義だから」

「僕らが少年時代にカウンタックに感動したのは、そんな複雑なものは一切なくてですね、ただスゲエッ！　こんなの見たことねえっ！　っていうことだけなんですよ。そっちが先ですから、フェラーリエンジンがすばらしいってことも、今は乗って知ってますからそう言われればそうなんですけど（笑）、子供時代のカウンタックのインパクトがあまりにも大きかったんで、それとこれとどっちが大切か微妙と言いますか、実はカウンタックのカッコの方が大事だったりするわけですよ」

なるほど。

子供時代、純真な心に受けたカウンタックの巨大なインパクト。それは一生消えないものであり、クルマへの感動の原点となっているのか。

大人になってからフェラーリの真の価値を知り、フェラーリはあらゆる面でカウンタックのはるか上の存在だと頭では理解できても、本当の本当に心の奥底で憧れているのはカウンタックなわけで、自分にとってどちらが尊いかと問われれば、それはカウンタックなのだろう。彼らにとってカウンタックは、初恋の女の子のようなもので、いつまでも純真無垢《むく》な憧れの対象なのだ。

そういう原体験を持つ人間にすれば、フェラーリが完全にそれに取って代わることはできないだろう。

榎本氏は、今回初めて、私のカウンタックとフェラーリに対する心情が理解できたと言った。しかし私の方こそ、スーパーカー世代の真情が初めて理解できた。

かつてカウンタックに憧れたスーパーカー世代で、現在フェラーリに乗っている人は多い。しかし彼らの心のどこかには、多かれ少なかれ妥協があり、真実憧れているのは、おそらくカウンタックの方なのだ。それは、実際の価値とは無関係な、スーパーカーブームが産んだ、一種の強

現・元フェラーリオーナーがスーパーカーブーム当時憧れたスーパーカー			
順位	車　名	オーナー	全体
1位	ランボルギーニ・カウンタック	24名（38%）	71名（42%）
2位	フェラーリBB	16名（25%）	29名（17%）
3位	ランボルギーニ・ミウラ	8名（13%）	20名（12%）
4位	ポルシェ911系	5名（ 8%）	11名（ 6%）
5位	ランボルギーニ・イオタ	2名（ 3%）	18名（11%）
5位	ロータス・ヨーロッパ	2名（ 3%）	9名（ 5%）
5位	ディノ	2名（ 3%）	5名（ 3%）
5位	フェラーリ308	2名（ 3%）	2名（ 1%）
	その他	2名	6名
	合計	63名	171名

烈な〝刷り込み〟なのだ。

それは、私のように、タッチの差でスーパーカーブームを素通りし27歳にしてダイレクトにフェラーリの電光的啓示を受けた人間には、想像すらできなかった新事実だった。

しかし、みんなこうなのか。

私は以前、『清水草一．ｃｏｍ』にて実施したアンケートを、再度集計してみることにした。

洗い直すポイントは、「現在あるいは過去、一度でもフェラーリを所有したことのある人が、あのブーム当時、どんなスーパーカーに一番憧れていたか」だ。

その結果は、表のようなものだった。

オーナー・非オーナー合計では、カウンタック派が42%、BB派が17%だったのに対し、オーナーのみの集計では、カウンタック派が38%、BB派が25%となった。

さすがに現・元フェラーリオーナーだけに、チビッコ当時からフェラーリに憧れていた割合は高めだが、それでもカウンタック派の方が多数を占めていた。

ただ、オーナーであるか否かにかかわらず、「スーパーカーブームはクルマ好きになったきっかけ」で、ブーム以来カウンタック一筋という人は非常に少なく、「昔の憧れ＝カウンタック（車種）、現在の憧れ＝フェラーリ（メーカー）」というパターンが多い。

これは、私のＨＰを見てくれている方々だから当然かもしれないが、フェラーリとランボルギーニの販売台数の差を考えれば、一般性は高いと言っていいだろう。

「あの頃は子供だったので、カウンタックのカッコが一番でしたけど、今は断然フェラーリです」と、カウンタックを過去のものとして心の整理をしている方もいた。

またカウンタックは、唯一無二の存在であるがゆえに、他のランボルギーニとは別物、という傾向が強い。その点フェラーリは、車種へのこだわりはやや弱く、車種よりもフェラーリというメーカーの方が先に来る。私もその典型だ。

では、なぜそうなるのか。

カウンタックファンにとっては、あのカッコがすべてで、あのカッコでなくてはダメだった。しかしフェラーリの魂は、カッコよりもまずエンジンにあるから……というのは私の持論だが、皆もそうなのだろうか。

かつてカウンタックＬＰ４００を王様として崇拝していた千葉県の〝ピエール２００４〟さん

は、こういうコメントをくれている。

「現実にはカウンタックやBBはとても無理だろうという思いがあり、大人になってからは、デザイン的に近いフェラーリ328あたりが欲しいと考えていました。そんなある日、とある中古車屋さんを覗くと328があり、エンジンをかけて音を聞かせてくれました。高回転でむせび泣くような『あぁぁぁぁん……』という音でした。惚れました。漠然としたフェラーリへの思いが本物へと変わって行きました。エンジンなんだ、音なんだと気づいたのです。そして本気で貯金を始めました」

彼は今、F355が欲しいと考えつつ、旧型インテRとビートに乗っているという。

しかし彼の場合も、まず漠然とした憧れがあり、実際のサウンドを聞いて初めてフェラーリエンジンの魔力を感じたわけだ。

考えてみれば、実物のフェラーリエンジンに接したことのある人は一部で、接したことがない人は、カッコやデータなどの情報で憧れるしかない。

私のように、なんの憧れもないままテスタロッサを運転し、そこで脳天に雷が落ちた人間など、非常に特殊なのだ……。

私の場合、まずエンジンフィールやサウンドというフェラーリエンジンの魔力に直撃されたからこそ、フェラーリ唯一絶対主義となったわけだが、まずカウンタックのカッコに直撃された人にすれば、エンジンなんて二の次三の次で当然かもしれない。

私は、フェラーリからディアブロ等へ乗り換える人が結構多いのを、内心非常に苦々しく思っていた。あの珠玉のフェラーリエンジンを知りながら、ただデカいだけで官能や甘美とはほとんど無縁のエンジンを積んだランボルギーニに乗り換えるということは、フェラーリエンジンの神髄をまったく理解できなかった超鈍感、あるいはハデならなんでもいい無節操人間とまで思っていた。

しかし、かつてカウンタックにシビれた人が現在でもカウンタック的なカッコを重視するのは、きわめてピュアなスピリットであり、フェラーリエンジンがどんなに悪魔的に甘美であっても、そんなことは二の次と言われればそれまでだったのだ。

カウンタック日本上陸第1号は

調べれば調べるほど、カウンタックの存在はデカい。本来は日本への〝フェラーリ伝来〟をテーマにしているのだが、もう少しカウンタックについて調べなければいけない。そう思った私は、ある人物のもとを尋ねた。

その人物とは、キャステルオート代表の鞍《くら》和彦氏である。元シーサイドモーターの営業マンであり、シーサイド倒産後はスーパーカーブローカーとして暗躍（？）を続けている方だ。

鞍さんと私は、実は割合古くから付き合いがある。最初に会ったのは89年。池沢さとし先生に紹介していただいて、かつてのシーサイド時代の逸話やバブル景気に沸くスーパーカー業界の裏話などを語ってもらい、私が『週刊プレイボーイ』誌上で「スーパーカーブローカーの告白」という記事にまとめた。

当時はバブル絶頂へと向かう超好景気で、スーパーカーの価格が青天井で上昇する一方、国産でもスカイラインGT-Rが発表されるなど、スポーツカーの世界はイケイケドンドン、私は池沢先生に「『サーキットの狼』の続編をやりましょう！」とお願いしていたりもした。つまり当時は第2次スーパーカーブームのような状況だったので、スーパーカー関連の記事は、一般男性誌にとって非常にバリューがあった。

2度目は、私がフェラーリを買うと決意した93年当時。私は再び鞍さんに連絡を取って、フェラーリ328を探してほしいと頼み、308クワトロバルヴォーレに試乗させてもらった。そのあたりのことは『そのフェラーリください！』（三推社刊）に詳しく書いたが、とにかくこの当時、鞍さんは恐ろしいほどいかがわしいルックスで（スイマセン）、私は〝謎のスーパーカーブローカー・ミスターX〟という仮名を勝手に付け、登場させた。

結局、鞍さんは328を探してくれず、私はナイトで348を買ったが、翌94年、私に〝謎の快音マフラー・キダスペシャル〟を紹介してくれたのも、ほかならぬ鞍さんだった。いわば鞍さんは、私にとって運命的人物と言える。

数年ぶりに会う鞍さんは、あのスーパーないかがわしさもやや薄れ、いかがわしいなりに悟りを開いたような風情になっていた。近年、鞍さんの「キャステルオート」は、ディノやミウラ、カウンタックなどのヴィンテージスーパーカーのレストア&販売に特化し、まさに悟りを開いているから、それも当然かもしれない。

鞍さんがシーサイドモーターに入社したのは74年4月。その2年後にはスーパーカーブームが爆発し、ランボルギーニとマセラティの正規代理店だったシーサイドモーターは、スーパーカーの聖地のひとつとしてチビッコたちの巡礼の場となり、カウンタックの日本上陸1号車もここで売られた。鞍さんはそれを生で見ていた貴重な時代の証人だ。

「僕はね、航空高専で学生運動をやって2回留年して、卒業するのに7年かかったんですよ。こんなんじゃまともに就職はできないよなぁと思って、バイトしながら職探しをしてたら、たまたま『カーグラフィック』にシーサイドモーターの求人広告が載ってたんです。まあ、それが僕の運命を決めたわけですね」

シーサイドモーターは、松沢巳晴《みはる》という人物が昭和30年代に設立した会社だ。

「当時はまだ国産車だって少ないし、性能も悪かったでしょう。でも外車は輸入の台数制限があって、あんまり手に入らなかった。そんな時代、当時ぶらぶらしていた20歳の松沢さんは、麻布のあるクルマ屋から、大阪までクルマを運ぶアルバイトをしたんですね。そうすると、３００万円で仕入れたクルマが６００万で売れると聞いて、いたく感動して（笑）、自分も始めようと思ったんですよ。それで、親戚中からカネをかき集めて、座間や厚木の米軍基地の出口で待ち構えていて、アメ車に乗って出てくる米兵に『そのクルマを売ってくれ』と片っ端から声をかけて、それを転売したんです」

そうやって稼いだ金で、横浜の元町に店を構えたのは、60年頃だったという。ちょうど日本人初のフェラーリオーナー・佐藤幸一氏が、イタリアでフェラーリ250カブリオレ ピニンファリーナをお買いになった頃でもあるが、シーサイドが当時扱っていたのは、やはり米兵から仕入れたアメ車やジャガー、MG、トライアンフなどだったそうだ。

シーサイドモーターはその後も順調かつ堅実に事業を展開し、65年には、後に本社ビルを建設する三ツ沢の敷地を購入、移転する。

「松沢さんは、時代を先取りするのが好きな人でね、70年から貿易が自由化されるというのをにらんで、69年にアメリカに渡って、当時日本で人気があったトランザムやカマロなどを、現地のディーラーで片っ端からリザーブして回ったんですよ。それで、自由化と同時に大量に並行輸入して、ボロ儲けしたんです」

完成車の輸入自由化は65年、中古車は70年。この時松沢氏がアメリカで買い付けたのは、中古車だったと考えられる。

「当時の外車屋のオヤジと言えば、自分で外車を輸入するなんてことは発想の外だったですから、松沢さんの狙いは見事に的中したんですよ。1台売って100万円くらいの利益が出たらしい。これは当時の貨幣価値からするとボロ儲けです。おかげでどんどんカネが貯まり、三ツ沢の敷地にビルを建てる頭金ができてしまった。それで、72年くらいから、ビル建設の計画が始まったんです」

　この頃松沢氏は、浮谷《うきや》東次郎氏の父君など、日本を代表するカーマニアとも親しくなる。レースやゴルフの腕前もすばらしく、持ち前の優しい人柄で女性にもモテまくる。

「その頃が松沢さんの人生の絶頂期だったんでしょうね。そこからは下り坂でした」

　つまずきは、前述のビル建設だった。10階建てで、1階から3階までをシーサイドが使い、4階から6階までが貸事務所、7階から10階が分譲マンション、ショールームにはイタリアの内装材を使うなど非常に贅沢《ぜいたく》な設計で、74年のオイルショックによる物価高騰も重なって、建設費が予定を大幅にオーバーしてしまった。

「僕がシーサイドに入社したのが74年の4月。ビルの完成が10月でした。見た目にはまさに絶頂期だったんですけど、内情はすでに苦しかったはずです」

　原因は、ビル建設の借金だけではなかった。

　70年からしばらくはボロ儲けが続いたカマロやトランザムなどアメ車の並行輸入は、その後商売がたきが次々現れ、値段が下落。たいして儲からなくなっていく。

　シーサイドモーターは、72年にランボルギーニとマセラティの正規代理権を得ていた。多くのアメ車に混じって、デ・トマソ・パンテーラやフェラーリの330GTCなども並行輸入し並べ

マセラティ・メラク

ていた。しかし当初イタリアンスーパーカーは、日本人には高嶺の花すぎてほとんど売れず、会社の〝看板〟にしかならなかった。

「でも、私が入社した頃にはもう、アメ車の並行輸入のうま味が全然なくなっていたんですね。それで、松沢さんの見栄もあって、75年くらいから、ランボルギーニ、マセラティ、フェラーリなど、高級イタリア車専門店というイメージを押し出していったんですよ」

鞍さんは当初、部品の管理部門に配属されたが、「営業に回してくれ」と上司にいい続け、75年1月から、待望の営業担当配属となった。

私は鞍氏に尋ねた。

「当時のスーパーカーの営業って、どんなことをしたんですか?」

「別に特別なことはないですね。当時営業マンは4人でしたけど、電話が鳴ると早い者勝ちで取って、担当になるという感じでした。私が最初に売ったお客さんも、たまたま来店した時に私が応対しただけでした」

「それは、どんな方で?」

「ある日、店の前にフェアレディ240Zが横付けされたんですよ。若いお兄ちゃんが降りてきてね、北里大学のインターンでした。で、たまたまショールームにランボルギーニ・ウラッコの新車があって、これが欲しい、来週父親を連れてくると言うんですよ。本当に来るのかなと半信半疑でいたら、本当に来てね（笑）。ウラッコをポンと買ってくれました」

「へぇー。ウラッコは当時いくらくらい？」

「えーと、９００万円弱ですね。ランボルギーニとしては買いやすい値段だったんで、比較的売れました。マセラティではメラクが９００万円台。これも売れました。１３００万円もしたボーラなんて、めったに売れませんでしたからね」

　ここで私はあることを思い出した。

　ナイトの榎本店長が、「スーパーカーブーム当時、北里大学にマセラティに乗ってくる医学生がいるという噂があって、チャリンコで見に行ったんですけど見つからなくて、ザリガニ採りをして帰りました」と言っていた事実である。

　そのことを鞍氏に話すと、氏はこう答えた。

「ああ、そのお客さんでしょう。ウラッコを買って1年後くらいに、その人はマセラティ・メラクに買い替えて、通学に使っていたんです」

　な、なんと！

　つまりそのボンボン医学生は、75年にランボルギーニ・ウラッコを購入、76年にマセラティ・メラクに買い替え、乗り回していたわけだ。

　スーパーカーブームは77年がピーク。榎本店長（当時小学生）が北里大に行ったのも77年と思われ、話はピタリと符合する。

BBの「開きっぷり」も見事だが、カウンタックのガルウイングには及ばず…。

相模原のチビッコたちの噂は真実だった。
それにしてもスーパーカーの世界は狭い。

74年、横浜のシーサイドモーターに入社し、翌年から営業担当となった鞍氏は、いよいよカウンタックと対面することになる。

「LP400の日本上陸1号車がシーサイドに入ってきたのは、75年の始め頃でした」

「それは、あの関口さんのオレンジ色のカウンタックですか」

「いえ、あれば3号車で、1号車は黒でした。黒に内装はタン。東神奈川の保税倉庫に引き取りに行くのを、私も見に行きました。待ちきれなくてね」

とにかくものすごいクルマの初上陸ということで、普段ならせいぜい2～3人で取りに行くのが、この日はやたらと人数が多かったそうだ。

「そいつは、地べたにべったり張り付いてました（笑）。当時の保税場所は、舗装もしてない地べただったんで、よけい低く感じてね。僕はまだぺーぺーだったんで、先輩が社までそのまま自走して帰りました」

スーパーカーの総本山にいた鞍さんにとっても、カウンタックのインパクトは強烈だったという。

「あのクルマだけは、全然違ってました。別格でしたよ。よくフェラーリの365BBと比較されましたけど、まったくかけ離れた存在でした」

「それは、どういう意味で？」

「もちろんデザイン的にです。BBあたりよりはるかに革新的で、ドアを跳ね上げた姿は、宇宙からきた異次元のオブジェに見えましたね」

値段は、1750万円。1290万円のボーラでもめったに売れなかった当時、この値段はスーパーパーとしか言いようがない。

ちなみに、1974年の石油ショック寸前の物価レベルは、現在の4割程度。その後の1年間で物価は3割以上高騰し、75年でちょうど現在の半分くらいのレベルだった。つまり1750万円というのは、現在の3500万円程度に当たると考えられるが、当時は所得税の累進税率が恐ろしく高く、最高税率は国税・地方税合計すると9割以上に達していた。

そういうこともあって、金持ちの人数は今よりはるかに少なく、イタリアンスーパーカーを知る人も少なかったから、これを買おうと思う人は、日本にはほんのわずかしかいなかったと想像される。

「私も、こんなクルマ売れるのかと思ってましたけど、安田銀治さんがすんなりと買っていきました」

安田銀治氏とは、レース好きの金持ちで、後年ラスベガスのホテルを買収したり脱税したりと、派手に新聞に報じられることになる人物である。

「2号車は黄色で、これも安田さんが買いました。1号車からの買い替えでした。そして3号車が、あのオレンジ色のクルマです。あれが入って来たのは75年の10月で、これだけは船じゃなく、飛行機で来たんですよ。で、私が羽田まで取りに行って、社まで運転して帰りました」

鞍さんは、その時の写真を保管しているのだが、左右ともドアミラーがない。

「カウンタックLP400のオリジナルは、ミラーがないんです」

後ろが見えないことで有名なクルマに、ドアミラーもなしとは。

「当時カウンタックに乗って、鞍さんはどう思いましたか?」

「そうですね。遅かったですね」

「や、やっぱり!?」

「一度、1号車のアクセルを恐る恐る踏み込んでみたんですけど、エンジンが重くてね。あまり前に進まない感じでした(笑)。ただ、意外とハンドリングはよかったですね」

私は、カウンタックLP400日本上陸3号車(オレンジ色)に、オーナーの関口氏の好意により、試乗させてもらっている。

それは、驚くべきことに、軽快なスポーツカーだった。

ＬＰ４００の車重は、公称１０６５キロ。車検証上でも１３２０キロしかなく、ボディが軽いのである（後年のアニバサリーは、公称車重が１６８０キロにまで激太りしている）。コンディションはすこぶる良く、エンジンも軽やかに回り、ＬＰ４００はハチロクレビンのようなクルマだ、とまで思った。しかし、個体のバラつきも大きいだろうし、なんとも言えない。

「やっぱりエンジンに関しては、フェラーリのデイトナなどの方が、はるかによかったですね」

それは当然だ。ランボルギーニのエンジンは基本的にデカいだけで、芸術品と評されるフェラーリのそれとは根本的に異なる。

やはり、カウンタックの魅力は、チビッコたちが魅了されたのと同様、ほぼすべてそのデザインにあったということだろう。

手抜きのスーパーカー、そしてブームの終焉…

ＬＰ４００の1号車が日本に上陸したのが75年初頭。ほぼ時を同じくして、『サーキットの狼』の連載がスタートしていた。

鞍さんがスーパーカーブームに気づいたのは、75年の後半あたりだった。

「なんで子供が日曜日ごとに集まってくるのか、初めは理解できなかったですね。お客さんが押し寄せるならいいんですけど、子供が大勢来ても、なんにもならないし、かえって商売の邪魔じゃないですか。さっさと帰ってくれ、という気持ちでした」

当時、スーパーカー少年だったモータージャーナリストの山崎元裕氏は、かつて私にこう語った。

「月に2回くらいはシーサイドモーターに通ってたけど、性格の悪い若い営業マンにいつも邪険に扱われてね。俺たちは彼を〝シーサイドモーターの隼人《はやと》ピーターソン〟と呼んでいたのさ」

その〝シーサイドの隼人ピーターソン〟こそ、鞍さんだった。

「え、そんなこと言われてたんですか（笑）⁉ いや、でもね、わかるでしょう、スーパーカーを買えるわけのない少年たちにたくさん集まられても、危ないだけですから」

そのうち、熱心な子は学校が終わった平日の夕方にも来るようになった。

「1時間も立ってられると、さすがに気になって、お前、どのクルマが好きなんだと聞いて、運転席に座らせてあげたりもしたんですよ。たいがい、『カウンタック！』ってリクエストされましたけどね」

76年に入ると、ブームはさらに盛り上がり、店に来る子供たちの数も増えた。

「それで仕方なくといいますか、松沢社長の発案で、玄関で入場料代わりにスーパーカーの生写真を売って、ショールームを見学できるようにしたんですよ。今考えると、笑っちゃいますけどね」

子供たちの目的は、やはり写真を撮ることだった。前出の山崎氏は、「シーサイドに入ってきたミウラを身を挺《てい》して止めて、『ライトを上げてください！』って叫んで、写真を撮ったこともあったよ。『いいかげんにしろ！』って怒鳴られたけどね」と述懐する。

スーパーカーの文房具も続々と発売された。消しゴムを筆頭に、ノートや下敷きなどだ。ランボルギーニとマセラティの正規代理店だったシーサイドモーターのもとには、写真やロゴを使わせてくれという申し入れが続々と舞い込んだ。

「本当は、イタリア本社の許可を取らなきゃいけなかったんでしょうけど、松沢社長が『かまやしねぇ』と言って（笑）、本社にはまったく連絡もなしに、勝手にロイヤリティだけ取って、使わせていましたね」

ランボルギーニ・ミウラ

今では絶対に考えられないが、当時の商標権に対する意識など、そんなものだった。

イタリアでも、90年代中ごろまでは、フェラーリのTシャツなど、そのほとんどが偽物だった。もちろん現在は一掃され、今やブランドロイヤリティはフェラーリ社の収益の柱となっているが……。

「スーパーカー消しゴムなんか、恐ろしいほど売れたと思うんですけど、どれくらいロイヤリティを取っていたんでしょう？」

「その辺は、我々社員には一切知らされていなかったんですけど、1点あたり50万円とか１００万円とか、そんなものでしょう」

「1点あたりって、商品1種類につき、っていうことですか。売れた数に比例してではなく?」

「当時はそんな面倒なことはしなかったと思いますよ。メーカーに『これこれこういうものを作りたい』と言われたら、大雑把に『それじゃ100万円』っていう感じで、いくつ作るとか、そんな細かいことまでは言わなかったんじゃないかな」

双方、なんともおおらかな時代である。

グッズの次は、スーパーカーショーだ。まず晴海のサンスター・スーパーカーショーがあり、その大成功に刺激されて、全国各地で小規模なスーパーカーショーが開催された。シーサイドにも、スーパーカーの貸し出し依頼が次々とやってきた。

「カウンタックを目玉として、あと在庫のスーパーカーをなんでもいいから7台とか8台とか、セットにして貸し出すんです」

「それは、どれくらいお金を取ったんでしょうか?」

「だいたい1台あたり30万円くらいでしたね」

1台30万円で8台なら240万円。当時の物価レベルから考えて、今なら400万円くらいに当たるから、非常においしい商売だ。

「一度、仙台のデパートに、一日100万円でカウンタックを貸し出してくれと言われて、私が行ったこともありました。ただ、行ってみたら、菅生《すごう》サーキットでお得意様の子供を助手席に乗せて走るというイベントで、そんな話全然聞いてなかっただけに、たまげましたけど」

シーサイドはフェラーリも扱っていた。正規代理店はコーンズだったが、正規ものの新車などほとんど売れず、シーサイドの中古並行の方が幅をきかせていた。

「ディノの切替さんが今でも乗っている365BB、あれもうちが入れたものです。ちょっとだけ乗った新古車のようなクルマで、当時確か、1600万円くらいしましたね」

カウンタックも高かったが、フェラーリ12気筒も負けずに高かった。

「BBは、どれくらい売れたんでしょう」

「新車で1800万円くらいしましたからね……。そうだな、全部で6〜7台くらいでしょうか」

6〜7台というのは、80年にシーサイドが倒産するまでの通算台数である。

つまり、年に1〜2台程度。恐ろしいほど少ない。

「当時のフェラーリなんて、あまりにも超高級スポーツカーすぎて、ほとんど見ることもできないし、どこにもないクルマだったんですよ（笑）」

だからこそシーサイドなどのスーパーカー屋にはチビッコが巡礼し、スーパーカーショーには人が集まり、スーパーカーグッズも売れたのだ。

「77年には、徳間音工からスーパーカーのレコードも出ました。スーパーカーの排気音を録音したものでしたけど、10万枚売れたと聞いています」

「それは、車種は？」

「ＬＰ４００でしょう、ＢＢでしょう、あとイオタと、それからなんだっけな、全部で5台分ですよ。私が運転して、それを録音したんです」

モータージャーナリストの山崎元裕氏は、当然のごとくこのレコードを持っていて、「ドライバー（つまり鞍氏）がシフトミスをしているのを聞き逃さなかった」と語るほど、繰り返し聞いたという。

高価な12気筒マシン・ＢＢは通算6〜7台しか売れなかったが、75年に発表された新型ピッコロフェラーリの３０８は、よく売れたという。

「初期の３０８のファイバーモデル、あれで１０００万円くらいでしたが、合計30〜40台は入れました」

「では、ランボルギーニは？」

「うーん、３０８の対抗馬というと、ウラッコでしたけど、フェラーリとはクルマのデキが違ってきていましたね」

「それは、具体的には」

「つまり、フェラーリはまともなクルマを造るメーカーになったけれど、ランボルギーニはダメだったんですよ。ウラッコは新車でもとても弱くてね。ボロかったです。エンジンもよくなかった。手抜きですよ」

「はあ」

「とにかく走らなかった。アクセルを踏んでも前に進みませんでした。私はデリバリーした十数台ほぼ全部に乗りましたが、全部ダメでした。その頃からフェラーリとランボルギーニの間には、大きく差がついたと思います」

もちろんフェラーリも非常に手のかかるクルマだったが、当時のランボルギーニは、最初から壊れているような状態だったという。

しかし、見るだけ、写真を撮るだけのチビッコたちにとっては、そんなことはどうでもよく、カウンタックの人気は絶大、ランボルギーニこそスーパーカーの王者だったのだが。

77年後半になると、さしものスーパーカーブームも失速する。

山崎元裕氏は、「東京12チャンネルの『激走！　スーパーカークイズ』も、途中からブルートレインの番組になっちゃってさ。僕も一時、ブルートレインに鞍替えしたよ」と告白している。

「77年後半は、店に来る子供たちの姿も消えて、祭りの後のようなけだるい雰囲気でした。もともと本社ビルの建設の借金の負担が大きすぎましたから、シーサイドモーターの経営は、どんどん悪くなっていきました」

当時の景気動向としては、79年までは石油ショックからの回復期にあり、輸入車の販売台数も増加している。しかし80年の第2次石油ショックによって再びドン底へ。いよいよ絶望的な状況になる。

「最後の最後、いよいよダメということになって、松沢社長は台湾に身を隠し、私たち社員はお客さんから預かっていたスーパーカーを返却する作業に追われました。そのまま本社に置いておいたら、借金取りに押さえられてしまいますからね」

そして80年2月、シーサイドモーター倒産。その後松沢社長はフィリピンの無人島に移住し、リゾートとは到底言えぬ無人島観光事業を興《おこ》しつつ、静かに一生を終えたという。

私は鞍さんに尋ねた。

「シーサイドモーターにとって、結局スーパーカーブームとは何だったんでしょう」

「そうですね……。まあ、一種の神風だったと思いますよ」

「え、クルマを買えないチビッコたちのブームでも、ですか?」

「いや、あのおかげで、グッズのロイヤリティとかショーへの貸し出し収入とか、会社にはかなりのお金が入ったはずなんです。でも、もともと本社ビルの建設に無理があったし、それにスーパーカー自体、数が売れるものじゃ全然なかったですから、最初から潰れるのは時間の問題だったんです。それがあのブームのおかげで、命が延びたんですよ」

「はあ……」

「つまり、神風は吹いたけれど、結局ダメだった、ということですね」

シーサイドモーターの倒産後、鞍氏は独立してブローカーとなった。

「私は今、ディノを中心に商売をしていますけど、お客さんの多くは、当時のスーパーカーブー

『サーキットの狼』の作者・池沢さとし氏。

マーです。私が今こうして食えているのも、スーパーカーブームのおかげということですか」

鞍氏はそう言って苦笑した。

『サーキットの狼』、連載打ち切りの危機から大ヒットへ

練馬区のファミリーレストランで、久しぶりにお会いした池沢先生は、まったく相変わらず元気な様子だった。

「前にお電話した時、確かチャレンジ ストラダーレを注文なさったとおっしゃってましたが」

いつものように私の最初の質問は、先生の現在の愛車についてだった。

「7月の9日に納車になってね。白なんだ。こんなことは久しぶりなんだけど、買って1

週間で1500キロも走ってしまったよ」

「ということは、相当気に入ったんですか」

「もちろんだよ。発表の時、イタリアで試乗もしていたんだけど、あんなにいいとは思っていなかった」

その前の先生のフェラーリは、黄色の360スパイダーだった。

「スパイダーのデザインを見て、360を買うならスパイダーと思っていたんだけど、実際乗ってみると、F1マチックがどうにも嫌でね」

「反応が遅い……ですか」

「そう。最初から気に入らなかった。そういうこともあって、たったの3500キロくらいしか走らずに手放すことになってしまったんだ。それと、実は黄色に飽きていたことに気づいたんだよ。なにしろ348以来、14年間かな、黄色のフェラーリばかり乗っていたからね」

「えっ！　そうでしたっけ⁉」

「348、355、355のフィオラノハンドリングパッケージ、360スパイダーと、4台続けて黄色だったんだよ。もちろん黄色が好きだから黄色ばかり買っていたんだけど、14年にもなると、さすがに飽きるね（笑）」

謎の快音マフラー・キダスペシャルの咆哮《ほうこう》にビッグバンのような衝撃を受け、「買わせてください！」と私がお願いしたこともある、あのまっすぐ走らない黄色い348tb以来、4台14年間にわたって黄色のフェラーリに乗り続けてこられたとは。

そして今回は白。私も欲しかった白のモデナ。チャレンジ ストラダーレには「３６０」や「モデナ」という名称は一切つかないが、見た目はモデナだから白のモデナと言ってしまっていいだろう。

池沢邸の半地下ガレージに鎮座するその白いマシンは、ボディサイド下部に赤い〝チャレンジストラダーレ〟のカッティングシートが貼られ、ややもすれば分厚く太って見えるモデナのボディを引き締めていた。

360モデナをベースに大幅な軽量化、パワーアップ等のチューニングを施されたフェラーリ・チャレンジ ストラダーレ。

「だろう？　最初からこうしようと決めていたんだ」

内装は赤。ナイトの榎本店長曰く「白ボディに赤内装のモデナは、今や中古市場で神のごとき人気を集めている」というが、実際、震えが来るほどカッコいい。

「Ｆ１マチックの反応もまあまあ許せる範囲だし、足はビシッと締まってるね。シート位置もスパイダーに比べて5〜6センチくらい低く感じるんだ。内装もあの安っぽいプラスティックの代わりにカーボンを使っているし、灰皿がないのはＦ40を思い出したよ。ブレーキも凄い。とにかくね、ノーマルの３６０に対する不満が全部解消されている感じで、すごく気に入っているんだよ」

新しい愛車を前に瞳を輝かせる池沢先生は、初対面の頃——確か私が担当者になった87年当時——とまったく変わっていないし、恐らく『サーキットの狼』を描き始めた頃から同じなのだろう。

池沢先生が『サーキットの狼』を描くに至った経緯については、すでにさまざまなメディアで伝えられているが、一応おさらいしておこう。

池沢先生は、まだ高校在学中だった18歳当時、『少年ジャンプ』誌上でデビュー。漫画家として順調に成長していくかたわら、70年、20歳でクルマの免許を取り、フェアレディZに乗る。

「その頃、古本屋で『カーグラフィック』や『モーターマガジン』のバックナンバーで、ミウラやデイトナ、ギブリなんかの写真を初めて見たんだ。うわぁ、世界にはこんなものすごいクルマがあるんだ、と思ったよ。値段的にも、今で言えばエンツォくらいの感じだったしね」

徐々にクルマにのめりこんで行った先生は、72年頃から「クルマ漫画をやりたい」と思うようになるが、『少年ジャンプ』は免許のない少年向けだけに、実現は難しかった。

73年、先生は街で初めてロータス・ヨーロッパを見掛け、激しい衝撃を受ける。「あれが欲しい」という思いは募り、愛車のトヨタ２０００GTで深夜、ロータスのショールームに乗り付けては、ガラスに張り付いて眺める日々が続いた。

翌74年、ついにヨーロッパを新車で購入。値段は約３５０万だった。

「当時の僕の収入からすると、２０００ＧＴを売って、貯金をはたいてちょうどなんとかヨーロッパが買えるくらいだったかな。とにかく収入の大部分をクルマに注ぎ込んでいたよ」

当時の３５０万円は、物価水準から考えて、現在の８００万円くらいと考えていいだろう。

「納車は７月３日だった。ナンバーは７４０。これは絶対忘れないね。今度のチャレンジストラダーレも、できれば７月３日納車にしたかったんだけど、間に合わなくて９日になっちゃったんだ」

これまで約60台?ものクルマを買っている池沢先生が、ロータス・ヨーロッパに関しては、納車の日付やナンバーが頭に焼き付いているという。

池沢先生がロータス・ヨーロッパを買っていなかったら、スーパーカーブームは起きようもなかった。

「初めて峠に走りに行った時の衝撃は忘れられない。本当にスイスイとミズスマシのように走って、突然運転がうまくなったように感じたね」

こういったコメントからも、ヨーロッパがどれほどのインパクトを先生に与えたかがわかる。

「でも、もっと大きかったのは、あのクルマを買ったことで、クルマ好きの仲間がすごく広がったことなんだ。それで、マンガのエピソード作りにはまったく困らなくなった」

実際、『サーキットの狼』には、実在の人物をモデルにしたキャラクターが多数登場するし、エピソードも実際の出来事をヒントにしていることが多い。

〝子供はクルマを運転できない〟という理由で、なかなか実現しなかった『サーキットの狼』だが、ヨーロッパを買ったことで池沢先生の熱意にもターボがかかり、『少年ジャンプ』75年の新年号から、ついに連載が開始された。正確には、74年の12月末に発売された号だ。

『少年ジャンプ』には、伝説にまでなっている読者アンケートシステムが存在し、人気のないマンガは容赦なく切り捨てられるが、『狼』の連載当初の人気は「良くもなく悪くもなく」で、「連載13回目くらいだったかな。金曜日に担当者から連絡があって、とりあえず終了、ということになってしまったんだ。死刑宣告を受けたみたいにガックリしたよ。ところが次の月曜日、アンケート集計の速報で1位になっていたらしくて、突然、ぜひ続けてくださいと電話があった。わずか3日でね（笑）。あれは運命の分かれ目だった」

公道グランプリが始まって、人気はさらに爆発的なものになり、連載開始半年後あたりから、前出の関口氏（現カウンタック日本上陸3号車オーナー）のように、スーパーカーを追い求めてチャリンコ行脚をする少年が現れ始める。

「当時は毎週末、箱根とかに走りに行っていたから、毎回少しずつ、橋の上やなんかでカメラを構えて待っている少年が増えているのを実感していたね」

ところで、『サーキットの狼』には、あまりフェラーリが登場しない。特に12気筒マシンの扱いは寂しい。『サーキットの狼』においては、フェラーリと言えばディノと言ってもいい（正確にはフェラーリの名は冠していないが）。

ディノの流麗なデザインに強くひかれていた先生は、75年、レーシングサービス・ディノの切替氏の愛車だったディノ246GTを購入。

しかしこの個体は、切替氏本人が述懐しているように程度が悪く、10回走りに行って5回は帰ってこれなかったほどで、トラブルの頻発ぶりに懲りた先生は、わずか半年ほどで手放してしまう。先生とフェラーリの出会いは、あまりいいものではなかった。

流石島レースの主役、ディノR・S。©池沢さとし

が、それでも先生は、「ディノは永遠の存在だ」と言う。

「ひどい目には遭ったけれど、本当に惚れていたからね」と。

76年にはポルシェ930ターボを購入。スーパーカーブームが最高潮を迎えたのは77年前半だが、やや陰りが見えた77年冬になって、シーサイドモーターの鞍氏の営業により、ようやく？フェラーリ365BBを中古で購入。先生にとって2台目のフェラーリだった。

「これに初めて乗った時の衝撃も大きかった。それまでポルシェターボに乗っていたわけだけど、特に高速での安定性なんか、ポルシェとは全然格が違うクルマだと思ったね。それ

カウンタックは全損の連続。ハマの黒ヒョウは相当な金持ちなのか。©池沢さとし

にあの12気筒エンジンのフィーリングだろう。こいつとなら一緒に墓に入ってもいい、なんて物騒なことを思ったな」

ただ、フェラーリの真のすばらしさを先生が知った時点では、すでにブームは下火。マンガのストーリーは、「流石島レース」の終盤に差し掛かっており、風吹裕矢のマシンは軽量のディノR・Sだった。風吹裕矢は一貫して軽量非力なスポーツカーに乗り続けたし、いかに作者が感動しても、あえてBBを大々的に登場させるストーリー状況でもなく、結局フェラーリは、『サーキットの狼』において、脇役のまま終わることになる。

ただ、それはカウンタックも似たようなものだった。カウンタックは、ハマの黒ヒョウという脇役が乗って登場するが、出るたびにレースで全損。そのつど新しいカウンタックを買ってまた登場するが、それは「カウンタック人気のご要望に応えて、という感じだった」（池沢先生）。

先生が自らカウンタックを買うのは、78年になってからで、マンガが人気絶頂だった頃は、特別な思い入れもなく、扱いは大きくはなかった。

そして、作者本人がようやくカウンタックを手に入れた頃、ストーリーは本物のレース、つまりタイトル通りの〝サーキットの狼〟になりつつあった。

78年に入ると、風吹裕矢はランチア・ストラトスでル・マン・イン・ジャパン日光レースに出場。78年後半からはカート、F3、そしてF1というふうに、公道から足を洗って、文字通りサーキットの狼へと成長していく。

BBやカウンタックどころか、主人公がスーパーカー自体を卒業してしまったんだから、池沢先生がどんなにBBやカウンタックに感動しても、ストーリーへの反映がなくて当然だった。

チビッコたちだけじゃなく、『狼』キャラたちにもインパクトを与える！　©池沢さとし

しかし、ブーム当時は、マンガでの登場ぶりとは関係なく、チビッコたちのダントツ一番人気はカウンタックであり、2番人気はBBだった。このあたり、スーパーカーという存在が、マンガから離れて一人歩きをしていた面もある。

ブームの頂点だった77年前半には、日本各地でスーパーカーショーが開催され、池沢先生自身も凄いことになっていた。

主役のカウンタックのショーへの出演料は100万

円以上と言われたが、「あの頃、サイン会に出てくれと頼まれて出かけて行ったら、ギャラが250万円だったことがあったんだ。事前に交渉したわけでもないんだけど、貰ってビックリという感じだったね」

77年、27歳の池沢さとしは2億4000万円を稼ぎ、堂々長者番付に名を連ねる。

「ただ、その頃は世の中のことがわかっていなかったからね。税金対策なんてものもまったく知らなくて、クルマを経費に計上するなんてこと、全然考えもしなかった」

それは、恐ろしい事態を招いた。

フェラーリを買うには高すぎた税金

個人事業主の場合、前年の収入に対して翌年早々確定申告し、最終的な税額が決まるのだが、それが非常に多額である場合、翌年も同じレベルの収入があると想定され、予定納税という名の税金の前払いが義務付けられる。また、住民税は前年の収入に対してかかってくる仕組みでもある。

ちなみに、77年当時の所得税の最高税率は、なんと75%。プラス、住民税の最高税率18%が加算され、合計税率は93%にも達していた。これは、人類史的にも上限と言っていい高税率である。

所得税の最高税率は、戦後間もない頃は55%だったが、その後段階的に引き上げられて62年に75%になり、84年まで22年間続いた。この、下に厚く上に厳しい累進課税制度によって、日本は共産国でもあり得ないような「収入の再配分」が実現していた。

もちろん、こんな高税率をかけられたらたまったものじゃないから、お金持ちは皆会社を設立し、その収入ということにして、自分の給料は安く抑えるという逃げ道を使ったが……。

最高税率の推移

年　度	所得税最高税率	住民税最高税率	合計最高税率
1950年	55%	18%	73%
1953年	65%	18%	83%
1958年	70%	18%	88%
1962年	75%	18%	93%
1974年	75%	18%	93%
1984年	70%	18%	88%
1987年	60%	18%	78%
1988年	60%	16%	76%
1989年	50%	15%	65%
1999年	37%	13%	50%

ちなみに、会社にかかる法人税率は4割。経費への計上も現在ほど厳しくなかったから、儲かると無理にでも銀座で豪遊したり高級車を買ったり、経費を使って税金対策をするのが常だった。

しかし、27歳だった池沢先生はそんなことを知る由《よし》もなく、真っ正直に申告。その結果、

「確か2億円くらい税金取られたよ。残ったのは４０００万円くらいだったんだけど、それで５１２ＢＢとカウンタックを買っちゃったから、ほとんど残らなかった」

75%の最高税率にも若干の控除があり、収入に対する実効税率は65%程度だったが、それに住民税の18%（実効税率15%前後？）が加算され、合計実効税率は80%程

度だったはず。つまり、税額は1億9200万円というところだろう。なんにせよ想像を絶する額だ。

これは一体、何を意味しているか。

当時の日本には、会社の経費を自由に使えるオーナー経営者以外、真のお金持ちはいなかったということだ。

2億4000万円稼いでも、2億円近く税金を取られるのでは、可処分所得はかなり限られてくるから、超豪邸や超高級車となると、なかなか手が出ない。

欧米の高級住宅地に行くと、日本とはケタが2つくらい違う圧倒的な豪邸が立ち並んでいて、日本で高級住宅街と言われる田園調布など、中流に毛が生えた程度に見えてしまうが、その根本原因のひとつは、この累進課税制度にあった。

これによって日本は、総中流と言われた超平等社会を作り上げたが、池沢先生のような成功者にとっては、たまったものじゃない。実際自分がその立場だったら、働くのが馬鹿らしくなるに違いない。

中曽根内閣以降の自民党政権は軌道修正し、最高税率を次第に引き下げた。現在は住民税と合わせて最高50％。アメリカが46・45％、ドイツが51％だから、欧米主要諸国並みの値と言っていい。良く言えば「稼げばそれなりに報《むく》われる社会」になったが、富の偏在が次第に大きくなりつつあるのも確かだ。

とにかく、スーパーカーブーム当時は、2億4000万円稼いでも、BBとカウンタックを買ったらそれでおしまい、という税金制度だった。これでは、スーパーカーが売れるはずがない。「512BBなんて、当時、日本には確か15～16台しかなかったと思うよ」

たったの15～16台しか実在しないクルマに対して、日本中の男子小学生が熱狂した。それがスーパーカーブームだった。

現地価格で377万円程度だった330GTCは、68年に日本では1400万円で販売されていた。

もうひとつ注目すべきなのは、フェラーリの価格と、国民の平均月収だろう。フェラーリの価格が、当時の平均月収の何ヵ月分だったかは、単に物価の変遷を見るよりも、フェラーリの存在を計る上で、わかりやすい指標になるはずだ。

そこで、20ページに掲載したフェラーリの正規新車価格表を引っ張り出し、12気筒モデルの価格と、1世帯あたりの平均月収とを比較してみた。

65年は、日本人初のフェラーリオーナー・佐藤幸一氏が、250GTピニンファリーナ カブリオレをイタリアから持ち帰った年である。が、当時はまだフェラーリは正規輸入されていなかったため、68年、330GTCが1400万円だったというデータを使お

日本の物価と収入の推移				
年	1世帯あたり平均月収の推移(円)＝A	フェラーリの日本輸入価格(円)＝B	B／A	消費者物価指数の推移(1995年＝100)
1960	4万 895円	―――	――	18.8
1965	6万5141円	―――	――	25.1
1968	8万7599円	1400万円(330GTC)	160	28.9
1970	11万2949円	―――	――	32.7
1975	23万6152円	1700万円(365GT4 BB)	72	56.4
1977	28万6152円	―――	――	66.7
1980	34万9686円	2450万円(512BB '81年)	70	77.4
1985	44万4846円	2450万円(512BBi)	55	88.5
1990	52万1757円	2410万円(テスタロッサ)	46	94.0
1995	57万 817円	2380万円(F512M)	42	100
1999	57万4676円	2390万円(550マラネロ)	42	101.9

う。

68年当時の日本人の1世帯あたり平均月収は、8万7000円余り。330GTCは、月収の160ヵ月分(約13年分)に相当した。

なにしろ平均月収の160倍である。現在の感覚で言えば約1億円。いや、最高税率93％という累進課税制度により、飛びぬけた金持ちが極めて少ない社会だったことを加味すると、実際に買うことを検討するような人からすれば、現在の「数億円」の感覚だったかもしれない。

とにかく、あまりにも高くてこのクルマはなかなか売れず、実際購入した式場氏も、〝正確には忘れたけれど、かなり安くしてくれたはず〟と述懐している。輸入した西武自動車としては、ほとんど投げ売り同然だったのではないだろうか。

それが、スーパーカーブーム当時には、フェラーリの価格は平均月収の72倍程度へと下がっている。その主な要因は、フェラーリの値段があまり上がらなかったことだ。

関税率は77年まで6・4％。78年にはゼロになったし、〝高級乗用車〟規定も廃止され、フェラーリといえども「普通車」の物品税（20％）で済むようになっていた。

そのため、68年から77年の9年間で、消費者物価指数は2・3倍になっていたにもかかわらず、フェラーリの正規価格は、2割程度しか上がっていない。

68年には、現在の感覚で約1億円だった12気筒フェラーリも、77年には、4000万円くらいの雰囲気になっていたと考えていいだろう。


ところで、当時の物品税は、現在の消費税とどう違うのか。

消費税は、最終的に消費者がモノを購入した際に課税されるが、物品税は、それが製造・輸入された段階で、その業者に対し課税された。

つまり、フェラーリを輸入した業者は、輸入した段階で、関税に加えて物品税を納めなくてはならなかった。

60年代、日本にフェラーリを輸入すると、関税35％に「高級乗用車」の物品税40％が加算され、それが売れても売れなくても、輸入した段階で車両価格に匹敵する税金を納めなくてはならなかったのだ。

日本人初のフェラーリオーナー・佐藤幸一氏は、60年に現地イタリアで250GTピニンファ

リーナ カブリオレを購入し、5年間現地で乗った上で日本に移送したため、関税も物品税もかからなかったが、日本に直接新車を輸入するとなると、とてつもない税額を、いわば前納する必要があった。

プラス、輸送費や、クルマを日本の法規に適合させるための費用がかさみ、68年、本国で377万円の330GTCが正規輸入された際は、値札が1400万円に化けてしまったわけだ。

現在日本では、自動車関税ゼロ、物品税が廃止され消費税になったおかげでその税率も5%、軽と変わらない。その恩恵は計り知れない。

一方、現在でも関税や物品税によって、高級車に高い税金をかけている国もある。たとえばオーストラリア。れっきとした先進国の一員だが、輸入車には15%の関税プラス10%の物品税が課せられ、さらに約450万円以上のクルマには、かつての日本と同様の「高級車物品税」45%が、つい最近まで課せられていた。現在は20%台にされているが、それでもフェラーリ360モデナのオーストラリア価格は、36万9500豪ドル(約3000万円)と、日本の1・7倍となっている(2004年時点)。

それに比べれば、スーパーカーブームが頂点を極めた77年でも、日本の自動車輸入関税率は6・4%、フェラーリの物品税率は20%に過ぎず、それほど高くはなかった……と言えなくもない。

つまり、物品税に「高級乗用車」規定(税率40%)があった73年までは、関税と物品税はフェラーリにとって巨大な障害だったが、以後はそれほどでもなく、それより所得税の累進課税や、その他の要因がより大きな障害になっていたと考えるべきだろう。

その他の要因のひとつに、道路の整備状況も上げられる。

名神高速が全通したのが１９６５年、そして東名が１９６９年だ。しかし高速道路はまだ１本の線にすぎず、それがネットワークと呼べるようになったのは、近年のことにすぎない。一般道も、70年代には実にひどいものだった。

ちなみに我が家では、父が69年に更新忘れで免許を失効させて以来自家用車がなかったことはすでに述べたが、76年になって母が免許を取得し、日産ローレルを購入した。51年排ガス規制のせいでメタメタに遅いクルマだったが、これで軽井沢まで家族で出かけた時のことが忘れられない。

当時、関越道は練馬から東松山まで。そこからは国道17号へ出て高崎で18号へ乗り継ぐのが正統ルートだったが、それでは渋滞にはまりに行くようなものということで、様々な裏道を縫い伝って安中《あんなか》付近で18号に出、開通したばかりの碓氷《うすい》バイパスをなんとか上り切って（３速ATのローレルは、この登坂路で40キロを出すのがやっとだった）、４時間半かけてようやく軽井沢に到着した。

関越道と上信越道が全通した今なら、２時間もかからないし、精神的・肉体的ストレスは劇的に下がっている。

所得税＋住民税の合計最高税率が93％から50％に引き下げられ、フェラーリのような高級品に課せられる〝ゼイタク税〟のようなものもなく、道路もようやくある程度整備され、しかも、年収400万円でもローンを組めばフェラーリを買える現在の日本は、70年代とはまったく比較にならない、世界一の「フェラーリ天国」となっている。

77年後半、チビッコたちの心に大きな足跡を残して、スーパーカーブームは去った。

『サーキットの狼』で言うと、流石島レースの終盤あたりである。

が、マンガはその後約2年間続き、ル・マン・イン・ジャパン日光レース、カート、マイナーツーリング、そしてイギリスF3、F1へと進んでいった。

池沢先生は、最初から主人公にレースをやらせたいと思っていた。だからこそ、タイトルも『サーキットの狼』だったのだ。

「『少年ジャンプ』編集部も、〝どうせなら最後までやってください〟という感じだったね」

つまり、すでに大きな人気はなかったけれど、これだけのブームを巻き起こし、部数を伸ばしてくれた功労者である池沢先生に対して、最後まで描き切ってもらって恩に報いよう、という姿勢だったのだろう。

「あの第1次スーパーカーブームは、子供のブームだったよね。バブル期の第2次ブームは、お金に踊った大人のブームだろ。そして今、35歳から40歳くらいの人が、子供の頃の夢を実現しようとスーパーカーを買っているよね」

「そうですね……」

「僕もね、今でもいろいろなところから『サーキットの狼』の引き合いがあって、本当に『狼』サマサマなんだ（笑）」

池沢先生にとって、『狼』関連の収入は今でも大きいという。

２００4年、サントリー・ＢＯＳＳコーヒーが『サーキットの狼ミニカー』キャンペーンを張った。

「あのミニカーは10種類、４００万個付けると聞いているよ」

「４００万個ですか……」

ちなみに、拙著『そのフェラーリください！』の発行部数は、合計4万部余り。その１００倍である。『サーキットの狼』のコミックスの累計部数はそのはるか上、数千万部に及ぶ。

やはり、池沢さとし先生と『サーキットの狼』は、想像を絶するほど偉大であり、その影響力はあまりにも巨大だ。

「改めて思うのは、スーパーカーは人生を変える力があるんだよ。僕もスーパーカーで人生が変わったしね」

「私もです（笑）」

「でも僕は、このブームを次の世代に伝えるにはどうすればいいか、考えているんだ」

確かに今のままでは、現在30代のスーパーカーブーマーたちを最後に、スーパーカーに対する熱い想いが、ここ日本から消えてしまうかもしれない。

「やっぱり、子供への影響はマンガが一番だからねぇ……」

第4章　「フェラーリ大衆化」への奇跡

フェラーリを鉄クズ同然にした大不況

1977年、スーパーカーブームは去った。スーパーカーに熱狂したチビッコたちは、その後どうしたのだろう。

それについて、とりあえず手近なところから、『ベストカー』編集部員の中で、当時スーパーカーに燃えた経験を持つ5人に聞いてみた。

●市原(66年生まれ)「時期的に、頭の中の9割は女になりました」

市原の場合、ブーム終焉時は11歳。ちょうど色気づく頃で、スーパーカーのことなどすっかり忘れ、女のことしか頭になくなったという。

●深田(65年生まれ)「消しゴム、カード、スーパーカーショーなど考えられるすべてに熱中したけれど、ブーム後はマンガ、映画に熱中しました。マンガは今でも1万冊くらい持ってます」

●小野(68年生まれ)「その後は鉄道模型、プラモデルにハマり、ガンダムに至りました」

●古川(69年生まれ)「常に気持ちの中にはスーパーカーがありました。あの後は特に熱中したものはないです」

●渡辺(70年生まれ)「ブーム後はウルトラマンと仮面ライダーに燃えました」

その他のみなさんはどうだろう。

●「暴走族になりました」(RUN&RUN関口氏)

●「ブルートレインとか」(モータージャーナリスト・山崎元裕氏)

●「特にやることもなくて、ゆうひが丘の総理大臣やってました。思春期でしたから。中学は荒れてました」(ナイト榎本店長)

●「スーパーカーブームが終わったのが小学校6年でしたけど、僕はそのまんまラジコンにはまりました。最初は12分の1電動カーで、そこから12分の1エンジンカーまで行きましたよ。むちゃむちゃ速かったですよ、120キロくらい出てましたよ(笑)。最後は8分の1エンジンカーまで行きましたよ。そのまま中3までラジコンで行ってしまって、このままじゃモテないと思って、高校からはヘビメタバンド始めました」(モータージャーナリスト・西川淳氏)

●「千葉の田舎だったこともあって、ツッパリからバイクへ進みました」(『少年マガジン』に『ジゴロ次五郎』を連載中の漫画家・加瀬あつし氏)

このように、スーパーカーブーマーたちがその後燃えた道には、大きく分けてふたつある。

★その1　男の子趣味……マンガ、鉄道、模型、ラジコン、ガンダム、ウルトラマン、仮面ライダー等

★その2　思春期方面……女、ツッパリ、暴走族、バンド等

前者はそのまんまスーパーカーの代用品的なもの。後者は、少年の成長に伴って現れる自然な変化であり、根幹には「女にモテたい」という巨大なる目覚めがある。

いずれにせよ、ブームの終焉とともに、それまでの活動（スーパーカーの追っかけやスーパーカーグッズ収集、スーパーカー消しゴムの勝負等）は終わり、他の活動へとエネルギーは振り替えられた。

ただし、ブームによってまかれた種は、その後芽を出すことになる。


一方、当時の世相の方はどうだったのか。まぁ、チビッコたちにとっては、世相なんかどうでもよかったわけだが……。

73年10月に勃発した第1次石油危機により、日本は激しいインフレと不況に見舞われた。輸入車の販売台数も減少したが、日本経済は立ち直りも早かった。

ところが、追い討ちをかけるように、78年10月、イラン革命が起きる。これをきっかけとして、またしても石油価格は高騰、第2次石油危機が起きる。その影響が日本経済にはっきり現れたのは、80年あたりからだ。

スーパーカーブームの終焉が77年。『サーキットの狼』の完結が79年。そして80年、日本は第2次オイルショックに見舞われ、原油価格の上昇をきっかけとして、再度物価が高騰をはじめた。このため政府日銀は厳しい金融引き締め策を取り、金利は短期間に5%も上昇。景気は冷え込み、当時「戦後最大」と言われた不況が日本を襲った。

79年、輸入車の販売台数は６万１６１台を数えていたが、80年には４万４８７１台に激減。
81、82、83年とその後３年間微減を続けた。
フェラーリの販売台数（14ページ表、正規・並行もの合計）を見ても、

79年……45台
80年……48台
81年……29台
82年……40台
83年……40台

80年を境に、減少・停滞期に入っている。この数字は、現在の10分の1前後という、実に小さなパイの中での増減である。

第2次石油危機は、輸入車販売業界をドン底に叩き落としていた。

キャステルオートの鞍氏も、当時を振り返ってこう語る。

「シーサイドモーターが倒産したのは80年で、私はすぐに独立してブローカーを始めたんですが、そうですね、82年ごろは、フェラーリやランボルギーニなんて鉄クズも同然、というような

風潮がありました」

当時は、中古スーパーカーも買い手がつかず、フェラーリ等の中古価格も史上最低にまで落ち込んだ。そのあたりの経緯を、鞍さんはこう語る。

「80年の2月にシーサイドモーターが倒産して、しばらくは失業保険で食いつないでいたんですよ。その間、オートロマンの三上さんに『うちで働かないか』と誘われたし、ガレーヂ伊太利屋の入社面接を受けたりもしましたけど、せっかく6年間シーサイドで働いた経験があるんだから、できるところまでひとりでやってみようと思って、独立してブローカーを始めることにしたんです。キャステルオートという名前は当時からですけど、まあ屋号のようなもので、実際は個人の仲介屋でした」

扱ったのは、自身がシーサイドモーター時代後半に扱ったランボルギーニ、マセラティ、フェラーリ等だった。

「ランボはカウンタックLP400、400S、マセラティはメラク、カムシン、フェラーリはBBやディノでした。ミウラは当時動いていたクルマがあまりなかったので、ほとんど扱うことはありませんでした」

しかし、商売は決して順調ではなかったそうだ。

「まだ28~29の若造が、高価なスーパーカーを個人で扱うわけですからね。シーサイド時代の顔なじみのお客さん以外、なかなか相手にしてもらえない。それに、時期も最悪でした」

悪材料は不況だけではなかった。シーサイドの倒産によって、日本からスーパーカーの〝核〟と言える場所が消えてしまっていた。いや、不況よりもそちらの方がはるかに大きかった。なんせ80年代の日本の自動車産業のメインテーマは「高級・高性能」。〝高級スペシャルティカー〟の市場の誕生とターボブームで幕を開けたのだ。そこからは、不況のにおいを感じ取ることはできない。

私個人は、自動車免許を取ったのが80年６月。確かに不況ではあったのだろうが、大学１年生という気楽な身分だったせいで、特にそれを実感することもなく、自由が丘の「アンナミラーズ」で、超ミニの制服から伸びたウェイトレスの足を眺めながら、その年発表された初代日産レパードの記事に「すげぇっ！」と興奮していた。

レパードのウリは、似非《えせ》アメリカ風のゴージャスなスポーツ感覚と、明るい未来を連想させる先進テクノロジー。搭載されたドライブコンピューターは、一体何に使うのか記事を読んでいるだけではよくわからなかったが、とにかく凄いんだろう、カッコいいんだろうと思い込んでいた。

一方フェラーリのようなクルマは、先進技術の結晶（だと思っていた）である国産スペシャルティカーの対極に位置する、旧世界のポンコツという感覚だった。いや、当時の私にはそういう感覚すら希薄だった。自分とはまったく無縁のものであり、憧れもなく、とにかく眼中になかったのだ。

「シーサイドがなくなって、メンテナンス工場もなくなってしまったわけですよ。私も工場なんて持っているわけないし、日本からスーパーカーを扱える専門のガレージがなくなってしまった。今はあちこちでいくらでも扱ってもらえるけど、当時はまだスーパーカーが日本に根付いていなかったですからね。コーンズが正規代理店として細々とフェラーリを入れていたけれど、まだ新参者で、ちょっと古いクルマのノウハウなんかなかった。だから、乗ったら壊れるんじゃないか、壊れたらもうどうしようもないんじゃないかということで、スーパーカーを買う人がいなくなったんです。今みたいにオーナー同士の情報交換手段もないし。それでどんどん値段が下がってしまった」

具体的にはどれくらいの値段になったのだろう。

「そうですね……。ディノを例に挙げましょうか。81年とか82年あたりは、300万とか350万とかで取り引きされてましたね」

ちなみに鞍氏のキャステルオートでは、現在フルレストアしたディノを1200万〜1500万円で販売している。ナイト榎本店長によると、「ディノの相場は程度によって500万円台から1300万円くらいの幅がありますね」ということで、中心相場は800万円あたり。現在は大都市圏であればメンテナンスガレージには事欠かず、リセールバリューも高いが、80年代前半は、買って壊れたら最後、どこで直したらいいのか路頭に迷いかねなかった。

まあ、それでも300万円以上しているところが、さすがフェラーリだ。

81年に発売されたトヨタの初代ソアラ（２８００ＧＴ）は、２９８万円だった。それは、当時の私にとって、いや世間一般にとって、目玉が飛び出るほど高かった。３００万円を超えるクルマなど想像もできなかったから、トヨタはギリギリ２００万円台に収めたんだな、でも高いな、凄いな、と憧れた。

それよりも、動くか動かないかわからないディノの方が高かったのだから、さすがフェラーリである。

整備すら、まともにできなかった時代

しかし、ソアラと比較して「凄い」と言ったところで、スーパーカー業界はなんともならなかった。

当時、スーパーカー業界の人間は、どうやって食べていたのか、鞍氏に尋ねてみた。

「しょせん仲介業でしたから、１台で入ってくる収入は20万〜30万円、多くて50万円というところでした。平均月収は、そうだなぁ、せいぜい50万円くらいでしたかね。それが80年から86年くらいまで続きました」

つまり、月に１〜２台しか扱っていなかったということだ。

「なにしろ動きがほとんどなかったですから、収入も少なかった。ただ私はマイペース人間なの

スーパーカーブーム終焉後にフェラーリ正規代理店となったコーンズ。販売第１号は308。

で、焦りもなく、ヒマなら遊んでようという感じでしたけど」

その頃池沢さとし先生はどうしていたのか。

先生は３６５ＢＢと入れ替えて79年にシーサイドから５１２ＢＢを購入したが、シーサイド倒産後は、81年に３０８ＱＶ、84年に５１２ＢＢｉと、独立した鞍さんから新車（並行輸入もの）で購入していた。

メンテナンスは？　の問いには、「えーと、鞍さんの知り合いの、元シーサイドのメカニックが見ていたね。でも僕はもうフェラーリは新車でしか買わないことにしていたし、ほとんど故障しなかったから、あまり出した記憶がないんだ」

さすが池沢先生である。

コーンズは78年から、フェラーリの正規代理店として正式に始動していたが、そちらはどうだったのか。

「確か78年の2月、コーンズがフェラーリを扱い始めるという発表会が行われたんですよ。私も出席しました。ただ、コーンズは、自分が売ったクルマしかメンテナンスをしないということでしたし、非常に内向きな印象を受けました」（レーシングサービス・ディノ・切替氏）

コーンズは現在でこそ並行ものも見てくれるが、以前は並行ものは正規ディーラーにとって目の仇《かたき》で、面倒を見てくれるはずがなかった。当時日本にあったフェラーリは、そのほとんどが並行ものだったのだから、当時のオーナーにすれば、コーンズはまったく頼りにならなかったわけだ。

その時代、切替氏のレーシングサービス・ディノは、フェラーリのメンテナンスを主にしていた。

「70年代から86年くらいまでは、ずっと整備が主体でした。クルマの売買や中古並行輸入もぽつぽつありましたけど、中心はあくまで整備でした。私は82年、〝フェラーリクラブを作ろう〟とオーナーのみなさんに呼びかけました。それに応えて、50台くらいのフェラーリが集まってくれて、言いだしっぺの私が会長になったんですが、会員の中にはやはり整備に困っている方もいて、これでやっとちゃんと見てもらえる、と言われたこともあります」

スーパーカー不況の真っ只中、切替氏はフェラーリ・クラブ・ジャパンを結成した。しかしまだ売買はほとんどやっておらず、整備主体だったというのだから、日本におけるフェラーリ市場がいかに停滞していたかがわかる。

「ただ、当時は、今思えばですね、私自身、フェラーリの整備のことがよくわかっていなかったんです。メカニックというのは、人に尋ねるのを嫌がるもんなんですが、私は恥も外聞もなく、わからない時は元シーサイドのメカニックのみなさんに連絡して、教えてもらったりしていました。でも、彼らも本当のところはわかっていない面があったんです。たとえば、私が持っていた

365BBは、アクセルをオフにするとパンパンとアフターファイアがひどかった。キャブレターの調整は本当にこれでいいのかとずっと疑問だったんですが、シーサイドに持って行っても直らなかったんですよ。〝まあ、こんなもんだよ〟と言われてね。ところが84年、イタリアで開催された〝フェラーリ・デイズ〟に参加したところ、あちらのクルマはみんなアフターファイアなんか出ない。どのクルマもインジェクションのようにスムーズに走る。そこで聞いてみたところ、アフターファイアが出るのはエンジン調整がなっていないと言うんですね。そこで私はその場で教えてもらったんです。キャブのフロート内のガソリンレベルをしっかり調整する方法を」

正規代理店のコーンズは閉ざされているし、国内にはオーソリティもいない。切替氏のイタリア行きは、西欧の文物に直接触れんとする明治維新直後の洋行感覚だったかもしれない。

「とにかくエンジン調整に関しては、10年悩みました。自信を持てるようになるまで10年かかりました。その他、BBはデフギアがよく折れたんですが、その原因も数年後にようやくわかりました。とにかくすべてが未熟だったんです。ただ、私としては、あの頃が一番楽しかった。スーパーカーブームが終わって世の中は静かになっていましたけど、私は自分のBBをはじめ、フェラーリを直して完璧にすることに情熱を傾けていましたから」

切替氏にとって80年代前半は、日本ではまだ知られていない〝真のフェラーリの整備〟を追究する、地道な日々だった。

ジャパン・アズ・ナンバーワン！

スーパーカー氷河期とでも言うべき、80年代前半。ディノの切替氏が、フェラーリの整備につ いていまだ手探り状態だった80年代前半。しかし、第2次スーパーカーブームへと向かう胎動は、始まりつつあった。

日本経済は、他の先進諸国に先がけて第2次石油ショックを克服し、上昇へと向かっていた。

お立ち台では「ジュリ扇」を手にするのが「お作法」であった。

82年11月、中曽根内閣誕生。中曽根首相は「戦後政治の総決算」を謳《うた》って、日本の国際的地位向上に野心を燃やした。実際、ある意味不景気とは名ばかりで、80年には自動車生産台数がアメリカを抜いて世界第1位になり、84年には、自分の生活程度を「中流」と考える国民が90％に達した。輸入車の新規登録台数も、83年までは減少したが、84年は約2割の伸びを見せている。

現在、自由が丘にてフェラーリ関連グッズの販売業を営む「キャッツスピード」の沢田氏は、「うちがここに店を構えたのは84年、ちょうど六本木にマハラジャがオープンしたのと同時期でした」と笑う。

〝六本木のカローラ〟と言われたBMW 3シリーズ。

「あの頃は、JJ、CanCam全盛、ワンレン・ボディコン花盛り、クルマではプレリュードとBMWがもてはやされていて、世の中、ずいぶんフワフワした感じでしたよ」

当時沢田氏のショップでは、レーシングファッションブランド「ミケロッティ」のウェアやBMW関連グッズを扱っていたが、近くには「アルファキュービックレーシングチーム」のショップもオープンしたばかりだったという。そういった、なんとなくカッコよさげなクルマのブランドに、人々は群がり始めていた。

「私が思うに、80年代はBMWの時代でした。とにかくBMW全盛で、マハラジャのロビーにも、確かハルトゲが飾られていました。3シリーズは六本木のカローラ、なんて揶揄《やゆ》されましたけど、それだけ人気があったということです」

「人気がある」ということは、大衆化したということだ。それまで外車などほとんど雲の上の存在で、買うなど問題外だったのが、BMWというクルマが、多くの人にとってギリギリ射程圏内に入り出し、欲しいと思うようになったのだ。

フェラーリの新規登録台数も、83年の40台から、84年は65台に増加している。こちらはさすがにまだ、雲の上のまた上だったが……。

85年、ニューヨークのプラザホテルにて先進5ヵ国蔵相による「プラザ合意」形成、ドル安協調介入。所得税の最高税率の緩和開始。

87年、ＮＴＴ株公開。

79年にエズラ・ヴォーゲル教授が『ジャパン・アズ・ナンバーワン』（著書名）と予言したように、日本は昇り竜の様相を呈し始める。この本の主旨は、日本を肴にアメリカを叱咤《しった》することにあったのだが、日本人は「アメリカの学者も言っているように、自分たちは世界一なんだ」という幻想を持ち始める。

フェラーリに関しては、86年、３２８の輸入が開始された。現在にいたるまで根強い人気を誇るこのモデルの登場は、日本におけるフェラーリ市場を大きく広げた。事実、86年のフェラーリの新規登録台数は１３６台。前年の倍以上を記録している。

ディノの切替氏も、「うちが新車の輸入を始めたのは、86年、３２８やテスタロッサあたりからです」と言う。

キャステルオートの鞍氏も、海外からの仕入れを始めたのは86年あたりからだった。

「昔からの上客でお金持ちグループの一人だった方に、ゴルフ場を３つも経営しているＳさんを紹介してもらったんですよ。そのころＳさんはタレントのマリアンと結婚したり、運勢の絶頂期だったんです」

このＳさんとは、五洋物産の佐藤社長のことだ。マリアンの元夫でゴルフ場経営者と言えば、佐藤氏しかいない。

「ちょうどバブルの前で景気はうなぎのぼりという感じでしたし、実際銀行はSさんのところに日参して『いくらでも借りてください』という感じでした。お金も余っているし、もともとクルマ好きだし、Sさんが『今度はスーパーカーでも入れて売ってみようか』と言い出して、私はその社員で、元オートロマンのYさんと一緒に、海外に視察に行くことになったんですよ。それが私にとって初めての海外での仕入れでした」

ゴルフ場開発業界では、世間より一足早くバブルが訪れていた。バブル紳士という、日本のフェラーリ業界にとっての巨大なパトロンの登場だった。

「私は初めてヨーロッパとアメリカ本土に連れて行ってもらいました。前の晩は興奮と緊張で眠れなかったですね（笑）。今でも付き合いのあるヨーロピアンオートのマイク・シーハンと出会ったのも、その頃でした。私にすれば、夢みたいな会社でしたよ。場所はロス郊外のニューポートビーチ、きれいな海のそばで、メカニックもたくさんいて、ガレージも大きい。おまけに車はほとんどがフェラーリのビンテージでしょう。日本とアメリカでは、まだまだとんでもない差がありました」

日本は、フェラーリに関してはまだまだヒヨッ子で、ジャパン・アズ・ナンバーワンは遠かったのだ。

しかし、状況はわずか数年で大きく変わる。

「そうやって人脈を作って、日本で売れる328あたりを少しずつ入れはじめたら、バブルがド

日本でのフェラーリの登録台数									
	'79年	'80年	'81年	'82年	'83年	'84年	'85年	'86年	'87年
コーンズ	13	14	9	12	13	20	21	41	85
並行輸入	32	34	20	28	27	45	44	95	199
合計	45	48	29	40	40	65	65	136	284

カンと来たんですよ」

80年代前半、シーサイドモーターの倒産によって核を失ったフェラーリ市場が低迷を極めた要因のひとつに、正規ディーラー、すなわちコーンズの力が当時は弱かった、というものがある。

78年から正式にフェラーリの正規ディーラーとなったコーンズは、自社で輸入した正規ものフェラーリ以外のメンテナンスを拒んでいた。しかし、当時すでに日本にあったフェラーリは、ほぼすべて並行ものだったため、整備してくれるガレージがない流浪状態に陥った……ことはすでに述べた。

しかし、コーンズが正規ディーラーとなった後も、日本のフェラーリ市場は並行ものが主役であり続けた。

データを見ると、記録のある79年以降、バブル期に至るまで、常に並行ものは正規ものの2倍から2・5倍も輸入され続けている。

その主な理由は、正規ものがアメリカ仕様をベースにしていたことにあった。

80年代、自動車業界の抵抗で延び延びにされていたアメリカのマスキー法が、骨抜きながらもようやく施行され、フェラーリもアメリカ向けは排ガス対策を施したモデルにせざるを得なくなった。アメリカよりも厳しい排ガス規制を敷いていた日本にも、アメリカ仕様をベースにしたモデルが振り向けられたが、その評判はあまりよくなかった。

ディノの切替氏はこう語る。

「70年代はキャブの時代でした。512もBBまではキャブでした。しかしマスキー法の圧力で、インジェクションを採用しなければならなくなった。BBも81年にBBiになりました。それに初めて乗った時、エンジンのあまりのメリハリのなさ、パワーのなさに、『フェラーリは終わった』とまで思いました」

私もかつて一度だけ512BBiに試乗したことがあるが、その吹けの鈍さや力のなさに驚愕し、「こんなのはフェラーリじゃない」と思わざるを得なかった。当時、ピカピカのニューモデルとしてBBiに接した切替氏が、「フェラーリは終わった」と思っても無理はない。

「308もGTiは最悪でした。ただ、あまりの評判の悪さに、フェラーリ本社は83年、クワトロバルボーレを出しました。あれにはフェラーリ復活の兆《きざ》しを感じましたが、同じクワトロバルボーレでも、アメリカ仕様に比べると、ヨーロッパ仕様が圧倒的に良かったんです。日本仕様は、シートベルトが違う程度で、中味はほぼアメリカ仕様と言ってよかったですから、差は大きかったですね。

たとえば、水温が違いました。日本仕様は、普通に走っていても水温が105度くらいになってしまう。ヨーロッパ仕様なら95度で安定していました。もちろんパワーもヨーロッパ仕様の方が上でした。パワーの差を補うために、日本仕様はファイナルをローギアードにしていましたから、スピードの伸びもヨーロッパ仕様の方が上でした。もし、日本仕様がヨーロッパ仕様と同じだったら、私もコーンズの代理店に申し込んでいたかもしれません（笑）」

そんな状態だったから、並行ものは、ヨーロッパ仕様であることを売りにしているケースが多かった。もちろん中にはアメリカからの中古並行もあったわけだが、それらは「アメ並」と呼ばれ、一種の差別を受けていた。

私が初めて３４８を買った93年当時でも、「アメ並」に対するフェラーリ業界の視線は冷たく、フェラーリの大きなミーティングにアメ並に乗って行くと、「あれはアメ並だ」と、まるでフェラーリではないかのような扱いを受ける……と噂に聞いた（あくまで噂だが）。当時はもうさすがにコーンズ正規ものへの差別はなかったと思うが、正規ものの日本仕様より、新車並行ヨーロッパ仕様こそが最高のフェラーリ、という風潮は、まだ動かし難かった。

現在は、日本仕様の正規ものとヨーロッパ仕様は「同じ」と言っていいが、そうなったのは、いつごろからなのか。

切替氏は、「Ｆ３５５と５５０マラネロからだと思います。３４８や５１２ＴＲでは、まだ違いはありました。ファイナルが違いましたから」と言う。

なんと90年代中盤だ。

私は99年に、ヨーロッパ新車並行もののＴＲ（92年式・赤）と、正規もののＴＲ（92年式・白）を続けざまに買っている。エンジンそのもののパワー差はほとんどわからなかったが、ファイナルには確かに差があった。ヨーロッパ仕様は３速で２００キロ出、それがいかにもスーパーカーという感じで嬉しかったが、正規ものはギア比が低く、１８０前後で頭打ちとなった。

ともかく、80年代はまだヨーロッパ仕様とアメリカ・日本仕様とではかなりの差があり、どちらかというと正規ものの方が日陰者、という、ある種異常な状況にあった。

「フェラーリだったらなんでもいい」

取材はいよいよバブル期へと突入していく。

そんな時、かっこうの人物がむこうから飛び込んで来てくれた。

テリー伊藤氏の事務所にてテリーさんとの対談中に、オートトレーディングルフトジャパンの社長・南原竜樹《なんばらたつき》氏がふらりとやってきたのだ。

南原氏はテレビ番組『マネーの虎』の一員として、極めて知名度の高い自動車業界人。対談後、南原氏も含めて食事をしていたところ、南原氏から「メイテックにフェラーリを売った話」がポロリと出た。

「えっ、メイテックの関口さんにフェラーリを売ったのは、南原さんだったんですか⁉」

「そうですよ。あそこのフェラーリは全部僕が扱ったんです」

南原氏は1960年生まれ。私より学年でわずかひとつ上で、私同様、スーパーカーブームの洗礼を受けるには少しだけ早く生まれた世代である。

南原氏は、学生時代からスクラップを拾ってくるなどして絶えず5台くらいのクルマを所有しているクルマ好きだったが、82年、大学の卒業旅行で行ったドイツで、中古車が非常に安いことに驚愕。日本の知り合いに電話をかけまくり、「安いから買わないか」と持ちかけた。

結果、3台輸入することになり、見よう見まねでクルマを買って船に積んだ。これが後のオートトレーディングの並行輸入のルーツとなった。

大学卒業後も南原氏はドイツへ渡っては中古車を並行輸入。85年には中東のドバイへとルートを広げ、安いメルセデスSクラスの中古車などを輸入しまくり、個人商店としては驚異的に業績を拡大していった。

そんな南原氏がフェラーリを扱い始めたのはなぜだったのか。

オートトレーディングの南原氏はバブル時代のフェラーリについての鍵を握る重要人物。

「最初はね、確か87年の後半だったと思うけど、フェラーリの308GTBを探してくれないか、という海外からの打診があったんですよ」

海外からそういう打診があるということは、日本の相場が海外に比べて安いということに他ならない。これで南原氏はピンと来たという。

「僕は当時からしょっちゅう海外に買い付けに行ってたし、知り合いだらけだったから、外からものを見ることができたんだよね。それで、フェラーリの値段が投機的に上がっていることがわかってきた。たとえば、海外の自動車雑誌の個人売買欄を見る。そうすると、87年くらいから、フェラーリの相場が明らかに上がっているわけですよ。これは必ず日本にも波及すると思ったんだ」

87年と言えば、日本ではすでにバブル経済の兆候が現れていた時期だ。86年11月をターニングポイントに、景気回復によって企業収益が改善し株価が上昇。同時に都心部のオフィスビルの需要が逼迫《ひっぱく》して上昇し、それが一部の高級住宅地へと波及していった。ただ、他の物価は安定していたから、それらは一般層とは縁のないものだった。

南原氏は、海外から打診があった308GTBのシルバーを仕入れた。それが氏が扱った初めてのフェラーリだった。当時の相場は500万円前後だったが、相場が上がるという確信があったので、あえて550万円という高値で買った。

結局このクルマは海外に出す前に、日本で600万円で売れてしまった。今度はそれを元手に赤の308GTSを仕入れ、次々とわらしべ長者のごとくフェラーリを売買し、1年後には貸倉庫に365BB、512BB、512BBiという3種類のBBが勢ぞろいするまでになっていた。

南原氏によると、「フェラーリの投機的値上がりは、最初はヨーロッパで、それが日本、そしてアメリカへと波及した」。と言っても当初のそれは、ある程度常識の範囲内だった。

ところが88年8月、総帥エンツォ・フェラーリが死去する。これによって〝エンツォ存命中のフェラーリ〟への投機熱に大きく弾みがついた。

また、時まさに日本経済が天井知らずのバブル景気へと突入し、今度は世界のフェラーリ相場をひとりでひっぱり上げていく。

バブル期の日本で値上がりしたのは、土地と株と一部の稀少な美術工芸品だけだ。ただし株価の上昇は地価の上昇に裏打ちされた「含み益」をアテにしたものだったから、本当の意味で値上がりしたのは、土地と美術工芸品だけ。どちらも有限で、買いたくてもなかなか手に入らないものという点が共通していた。

その頃、南原氏は「海の家よりテスタロッサ」という企画書をつくり、景気のよさそうな会社に配っていた。要は、福利厚生なら海の家なんかよりテスタロッサに乗せてあげた方がずっといいですよ、という、誰も考えたことのない、破天荒なコンセプトだった。これが思わぬところで大きな反響を呼ぶ。

南原氏は、その企画書の1枚を、ある人に手渡した。その人がたまたまメイテックの関口社長の運転手だったのだ。

彼が関口社長にそれを渡し、「おもしろいじゃないか」ということでトントン拍子で話が進んで、メイテックにテスタロッサのヨーロッパ仕様が納車された。

これが「福利厚生にフェラーリを買った会社」としてテレビ番組『トゥナイト』等、マスコミで取り上げられて話題になり、メイテックという当時無名だった人材派遣会社を、一躍有名企業にしてしまった。

このメイテック1号車の価格は約2000万円。時期は、「確かエンツォが亡くなってすぐくらいだったと思う。企画書にその事を書いた記憶があるからね」。その頃はまだ、中古価格は新車価格より若干安かったことになる。

が、88年末までには中古価格が定価を上回り、翌89年には5000万円の声がかかるところまで暴騰する。フェラーリは値が上がるという事実が世間に知られ、我も我もと日本中の金持ちが投資としてフェラーリを買い始めたからだった。

フェラーリの価格急騰とシンクロして、フェラーリのありがたみも急騰し、メイテック本社は各営業所から「うちにもフェラーリを回してくれ」という激しい要請を受けることになる。会社の知名度が爆発的に高まったことで、有史以来の人手不足にもかかわらず人材が集まり、業績も急上昇していたから、関口社長は金に糸目をつけずに次々とフェラーリを導入。結局南原氏はバブル崩壊までの約3年間、メイテックだけでテスタロッサを十数台、F40を3台納車したという。

「ただし、F40のうち1台は燃えちゃったけどね」

「それは僕も当時、写真週刊誌で記事を読んだ記憶があるんですけど、燃えたってどれくらい燃えたんですか?」

「そりゃもう、跡形もなくだよ（笑）。骨を拾うようなものだったね」

フェラーリF40。日本正式価格4500万円。

この頃F40の価格は2億円。保険料は年間1070万円（!）だったという。

「保険会社は青くなって、鑑定人を6〜7人も連れてきて、開口一番『直りますか?』と僕にきいた。思わず爆笑したよ。だって骨しか残ってなかったんだから。あれをきっかけに僕は、うちで扱ったフェラーリ全車にフロン消火器を取り付けたんだ。ボタンを押すとエンジンルームに噴射される仕組みのやつをね。1台あたり確か70万円くらいかかったけど、それくらいなんでもないくらい、フェラーリの値段は上がっていたね」

仕入れ先は、最初は人気の高いヨーロッパ仕様を目指してヨーロッパだったが、間もなく買い尽くされ中東へ。それも枯渇すると、アメリカへと向かった。当時フェラーリのアメリカ仕様はパワーがないなどの理由で人気は薄かったが、バブル最盛期には「フェラーリであればなんでもいい」状態になっていた。

「目端《めはし》の利《き》くクルマ屋はロスに向かったけど、僕はフロリダのマイアミに目を向けた。あそこは金持ちだらけの高級リゾートだから」

フェラーリの買い付けで毎月のようにマイアミに通うことになった南原氏は、そこでヘリの免許を取ったり、『マイアミバイス』を気取ってクルーザーを買ったり、優雅なバブル生活を満喫する。南原氏、当時弱冠20代。オートトレーディングルフトジャパンは、会社登記後2年足らず。社員わずか数名であった。

一方、キャステルオートの鞍和彦氏は、当時をこう振り返る。

「あの頃銀行は、土地を持っている人にえげつない営業をかけていたんですよ。借りてくれ借りてくれ、ってね。不動産さえ担保にあれば、評価額の2倍近くまで貸し付けるような勢いでした。あの頃は、土地は永久に値上がりするとみんな思ってましたからね。

ちょうどそんな時期、東京の下町のね、土地持ちでクルマも大好きな人を紹介してもらったんです。

私は、奥さんにも気に入っていただいて、足しげく通いました。そうすると、そのお宅に銀行員が毎日来てるんですよ。

その頃、その人の土地にマンションを建てる計画が持ち上がっていて、大きな融資話が進んでいたんだけど、銀行はそれとは別にあと10億円借りてくれと言っていたんですよ。

もともとクルマ好きな人だったので、すでに5〜6台、高価なレーシングカーなんかを持っていたんですけど、その10億の使い道について、私に相談してくれました。

すごい話が来たな、とは思いましたけど、さすがに全部クルマを買いましょう、とは言いませんでした。先のことはわからないから、半分にしときましょう、と言ったんです。

でも、残念ながら、私にも先は読めていなかった。

その時は、今、投資の対象になるクルマを買っておけば、先行きもっと値が上がるだろうと思っていたんです。その間、それを乗り回して遊んでればいいじゃないですか、なんて、今思えば夢みたいなことを言ってました」

鞍氏は実名は口にしなかったが、この人物は、コレクターとして有名だった江戸川区のO氏のことだろう。

当時、『週刊プレイボーイ』の編集者だった私が鞍氏に初めて会ったのも、ちょうどその頃、バブル絶頂の真っ只中だった。

私は89年暮れから90年初頭にかけて、池沢さとし先生の紹介で鞍氏にインタビューし、当時私が所属していた『週刊プレイボーイ』誌に、「スーパーカーブローカーの告白」という記事を執筆、2回にわたって掲載した。

インタビュー当日、ポルシェ911ターボルックで乗り付けた鞍氏は、恐ろしいほどいかがわしい風体で、池沢先生の紹介でなければ、どこかの詐欺師かイカサマ師だと思うほどだった。

取材は、当時自由が丘にあった鞍氏の自宅兼事務所で行った。鞍氏のキャステルオートは現在、横浜に立派なメンテナンスガレージ兼ショップを持っているが、当時はブローカー一筋で、「ショールームなんて維持費がかかるだけですから、必要ないんですよ」とうそぶいてニヤリとしたものだ。

「スーパーカーブローカーの告白」は、前編は横浜シーサイド・モーター時代の思い出話。そして後編が、当時の異常なスーパーカー投機熱についてだった。

その「後編」を、ここに再録することにする。

☆

スーパーカーブローカーの告白〔後編〕

投機熱による異常な高騰、現代スーパーカー事情

（『週刊プレイボーイ』1990年2月27日号掲載）

〔2億円を超えたF40〕

先週は、私がかつて「スーパーカーの聖地」といわれた『シーサイドモーター』の営業をしていた頃の話をした。今週は、第2次スーパーカーブームといわれている現在の状況についてお話しよう。

それは、つい昨年の暮れのことだった。お客さんの紹介で、神戸のある不動産屋さんから電話が入った。

「投機の目的でスーパーカーを考えています。なにか適当なクルマはありますか？」

ご存知のように現在、フェラーリの生産中止モデルなどは驚くべき値上がりを見せている。だからスーパーカーを投機だと考える人も少なくないのである。

私はその人にポルシェ959を勧めた。959は現在8000万〜9500万くらいの値段がついている。

「959は値上がりしますかね」

そう聞かれて私は、「上がるでしょう」と答えた。するとその人はさらにこう言った。

「では、日本にある959が全部欲しい」

これには私もびっくりした。今、日本に959は20台ほどあるといわれている。いくら私でもそのすべてを集めるわけにはいかない。私はとりあえず手配できる限りの台数——合計3台をまとめてその人に売ったのだった。

その後さらに2台追加があり、現在その人は5台のポルシェ959を所有している。が、その5台は乗られもせず、誰の目にも触れることなく東京の某所に静かに保管されている。ただひたすら値上がりの日を待って。

ポルシェ959が約9000万円。それではフェラーリはどうか？

フェラーリの最高峰F40（正式価格4500万円）は、今のところ2億3千万円前後のプライスで取引されている。正規代理店への入荷は遅れており、何年待つかわからないほどだ。

外国のディーラーは、フェラーリ本社からF40を売ってもらうために5〜6台の〝抱き合わせ〟を呑んでいると聞く。412とかモンディアルとかをまとめて仕入れるわけだ。ちょうど任天堂の『ゲームボーイ』を扱う問屋のように。日本の正規代理店はそれをしていないために、本社から入ってくるタマが遅れているのだと聞く。

では、我々が扱っているF40はどこから来るのか。一度、欧州のディーラーに卸したものを流してもらっているのである。だから当然プレミアムがつき、2億円もの値段になるわけだ。

テスタロッサも状況は厳しい。F40人気で生産量が落ちていることもあり、正規輸入だと3年待ちといわれている。2300万円のテスタロッサが、並行輸入だと4500万円。すでに生産が中止された328も、新車は2200〜2300万円ほどになっている。やはり異常な状況と言わねばならないだろう。

僕たちの買えるスーパーカーは!?

投機目的のスーパーカーブームとはいえ、なかにはもちろんクルマが好きで好きで、という人もいる。

これは昨年の初夏の話だ。静岡のある会社員の人が、「どうしてもフェラーリが欲しい」と言ってきた。一生懸命貯金して1000万円つくったという。私はなんとかタマを探し、88年式の328を1100万円で納めた。彼は長年の夢がかなったと非常に喜んでくれた。

その328は、半年後の今、1800万円に値上がりしてしまっている。

「ホントにいいときにお買いになりましたね」、私がそういうと彼は深くうなずいた。でも売る気はないんでしょうと聞くと、彼は「もちろん売る気なんかありませんよ」と答えた。今売れば儲かることは間違いないが、おそらくもう二度とフェラーリを手にすることはできなくなってしまうのだから。

もし、この静岡の会社員さんのように、大金持ちではないがどうしてもスーパーカーが欲しいという人がいたら、私は84年式のフェラーリ308GTB／Sのクワトロバルボーレ（4バルブ）をお勧めしたい。これなら328とほぼ同じ性能だ。今なら1400万円ほどで買うことができる。

その場合、走行距離5万キロ以内の欧州仕様にすることだ。5万キロを超えるとトラブルがドッと出るケースが多く、また北米仕様は過剰な装備（バンパーなど）が多いし、経験から言ってトラブルも多いのだ。

その他、具体的なガイドとしては、諸経費がバカにならない。取得税5％と消費税3％（中古車の場合）など。そして保険代だ。対人や対物はフェラーリだからといって変わらないのだが、問題は車両保険だ。目安としては、2000万円のクルマで年間150万円と考えてもらうといいだろう。だから84年式の308で100万円程度。これは一般の人にはキツい数字だ。私としては、車両保険はかけなくてもいいのでは、と思う。

たとえフェラーリでも、板金修理の値段は国産車と変わらない。もちろん良心的な修理工場と懇意にしておいたほうがいいが。

ただし、ファイバーボディやオールアルミのスーパーカーとなるとそうはいかない。大変なお金がかかってしまう。その点308／328はスチールボディだから大丈夫だ。

いちばんトラブルが出やすいのはミッションだろう。ミッションは丁寧に扱った方がいい。オーバーホールは、ミッションで約75万円、エンジンで約150万円程度。クラッチ交換は25万円くらいだ。カウンタックのように100万円もかからないのが嬉しい。

フェラーリはイタリアン・スーパーカーの中でも最も故障が少なく、丈夫で、整備性もいいクルマだ。それでもやはりデリケートではある。国産車のようにはいかない。つい先日も、私の仕事仲間が痛い目にあってしまった。

３２８を２台、野外駐車場に置いておいたところ、朝起きたら雪が積もっていた。あわてて移動しようとエンジンをかけたら、寒さで凍り付いていたコックドベルトがスリップし、バルブタイミングがずれ、２台ともエンジンをパーにしてしまったという。さすがに屋根付き駐車場くらいは必要、ということだ。

〔スーパーカーはどこへ行く〕

最後に私自身の話を少し。

私は今まであらゆるスーパーカーを手がけ、乗りもした。15年前のブームの際には、スーパーカーのエクゾースト・ノートを録音したレコードが発売されたが、運転はすべて私が担当したほどだ。ディーノ２４６ＧＴ、ランボルギーニ・ウラッコ、フェラーリ３０８、ＢＭＷ・Ｍ６３５、同Ｍ３などのオーナーでもあった。

しかし現在はスカイラインＧＴ‐Ｒに乗っている。

私が思うに、今ＧＴ‐Ｒより速いクルマは、世界中にＦ40くらいのものではないか。パワー的には、当然ＧＴ‐Ｒ以上のものはいくらでもあるが、ドライバーが本当にそのパワーを使いこなせるということになればＧＴ‐Ｒ以上のものは他にないと思えるのだ。それほどあのクルマの出来はいい。

もちろんスーパーカーが持つ雰囲気は国産では買えない。が、速さだけを誇っていれば国産にも負ける。だから私は、これ以上のスーパーカーのイージードライブ化はまずいと思う。乗りにくく、運転を難しくしておいたほうがいい。

スーパーカーは男の夢だ。お金さえ貯めれば誰もが手にすることができる夢だ。

やはり男なら一度は手にしてみるべき夢だ、と私は思う。

☆

私は当時、バブルとは無関係のサラリーマン編集者で、特段好景気の恩恵も受けずに暮らしていたせいか、鞍氏の話を聞いても、特に疑問を感じなかった。なるほど、時代は今そうなっているのかぁ、と思っただけだった。

その頃私は、すでに池沢さとし先生にテスタロッサ初体験をさせてもらい、フェラーリに心を奪われていたが、まだ雲の上の存在すぎて、欲しい、買いたいという具体的な思いはなかった（その割に「僕たちの買えるスーパーカーは!?」などと、結構詳しく聞いているから、密かな思いはあったのかもしれないが）。

それにしても時代だなと思う。90年2月と言えば、バブル経済絶頂の時期だ。また、鞍氏が当時、GT－Rに乗っていたという話は、これを読み返して初めて思い出した。

そう、当時の日本は、GT－Rこそ世界最強のスポーツカーで、フェラーリなどより価値は上という、ジャパン・アズ・ナンバーワン的空気が横溢《おういつ》していたのだ。実際、プロドライバーでもない限り、当時の気難しいフェラーリより、GT－Rの方が速く走らせることができただろう。

蛇足ながら、この前年の89年7月、私は同じく『週刊プレイボーイ』に、「スーパーカーシンドロームがやってきた！」と題した短期集中連載を企画、担当している。それが、私がスーパーカーに関わった最初の記事だった。

最初の2回は、当時すでにスーパーカーに強いライターだった山崎元裕君に、第2次スーパーカーブーム現象について書いてもらい、3回目は、池沢さとし先生のインタビュー記事を掲載した。内容は、『サーキットの狼II　モデナの剣』の連載開始にあたってだった。

そして次号、8月1日発売号から、『モデナの剣』は連載された。

スカイラインGT-R（R32）

池沢先生は、それまで『週刊プレイボーイ』に『Beat《ビート》 Shot《ショット》!!』というゴルフマンガを連載していて、そちらも私が担当編集者を務めていた。しかし、88年後半から盛り上がったバブル経済と同調して、日本の自動車産業もバブルの様相を呈しつつあった。

89年は、7月にフェアレディZ（Z32）、8月にはスカイラインGT－R（R32）が復活し、9月には初代ユーノス　ロードスターが発表されている。スーパーカーの高騰も、一般的な話題になりつつあった。

この流れに乗って、池沢先生にクルマのマンガに回帰してもらったらどうかと、友人が何の気なしに私に勧めたのは、89年の春ごろ。編集長も異存なく、急遽『Beat《ビート》 Shot《ショット》!!』を完結させ、8月から連載開始と決まった。

ちなみに私は、この年の3月からレースを始め、5月、それを知った池沢先生が、「ちょっと乗ってみる?」とテスタロッサの運転席に私を誘ってくれて、脳天に雷が落ちた――というあたりの詳しい経緯については、拙著『そのフェラーリください!』等に譲りたい。

それにしても当時の世間のスポーツカーに対する関心の高さは、今ではとても信じられないレベルだった。

ユーノス・ロードスターは、すでにアメリカで「ミアータ」として先行発売していた関係で、国内の発売前、6月あたりから広報車を貸し出していたのだが、それを会社近くのパーキングメーターに駐車して帰ってみたら、黒山の人だかりができていた。正真正銘の黒山で、クルマが完全に見えなくなっていた。

発表直後、スカイラインGT-Rの広報車を山の上ホテルの駐車場に入れたら、ボーイがふたり、目を血走らせてダッシュしてきた。まるで人気絶頂のアイドルがビキニ姿でやってきたような興奮ぶりだった。

同じ頃、会社の先輩のNSXを山の上ホテルからほんの200メートルほど離れた会社まで移動させたら、付近を歩いていた明大生数百人から「うお～～～～～～～～」というどよめきがおきた。スポーツカーは、アイドルそのものだった。

そういう時代に、クルママンガの大御所にクルママンガに回帰していただいたのは、まさに時宜《じぎ》を得ていた。

ただし『モデナの剣』の主人公・剣フェラーリが乗るのは、非力なディーノ２４６ＧＴ。かつて風吹裕矢がロータス・ヨーロッパに乗ったように、主人公は非力なマシンで強敵を次々倒さなければならなかったのだ。

ストーリーはバブルとは関係なく、あくまでバトルとガールハントが中心。クライマックスは、90年9月に発売になったホンダＮＳＸを駆るナイスミドルの風吹裕矢と、若き剣フェラーリとの勝負にあった……というのが、担当者だった私の個人的な思いだ。ついに登場した国産スーパーカーとフェラーリの対決は、まさに時代を象徴していた。

バブル頂点！　Ｆ40、１台２億６０００万円‼

話は戻るが、バブル絶頂期、銀行の融資攻勢を受けていた江戸川区のＯ氏は、その後どうしたのだろう。

鞍氏は語る。

「結局、お客さんは、銀行の熱意に寄り切られて10億借りる事になったんです。で、私はそれを全部、預けられました。

相談の結果、当時まだ新しかった288GTO（1984〜1986年　273台製造）を買い付けようという話になったんです。値上がりが見込める限定車でしたし、オーナーの好みでもありましたから。

当時、288GTOの相場は75万ドルでした。1ドルが150円でしたから、1台1億です。さっそくリサーチすると、7台くらいの情報が集まったんです。ロンドンのクルマ屋、ニースのクルマ屋、デトロイトのコレクターのクルマ、ニューヨークのクルマ屋などなど。マフィアが出てきて、危ない目に遭ったこともありました。

ともかく5台の288GTOを、世界中飛び回ってかき集めたました。その他、275GTB、F40を2台、ポルシェ959、512BBなど、全部で10台くらい買いました。後にも先にも、一人のお客さんにこれだけの車をまとめて売ったことはないですね。そういう時代だったんです」

バブルと軌を一にして、天井知らずの急騰を見せたフェラーリ。その頂点は、いったいいつだったのか。日経平均株価が史上最高値（3万8915円）を付けたのは89年の年末大納会だが、フェラーリはどうだったのか。

それを確認するために、再度私は土浦のレーシングサービス・ディノを訪れた。

フェラーリ・バブルの頂点について、はっきりしたデータが欲しいという私に、切替氏は年次ごとの売上伝票のファイルを引っ張り出してくれた。

88年、日本人初のF40オーナーとなり、当時、〝フェラーリの神様〟とまで言われたディノの切替徹社長は、「あの頃は本当にすごい時代でした。私ももうひとつビルを建てようかと思ったくらいでね」と、笑った。

「私が初めてF40を入れたのが、88年後半でした。初めてイタリアに行ったとき、お世話になったディーラーで、いつかフェラーリの最高峰を買いたいと思っていたんです。昔、部品を買いにきてお金が足りなかったような私が、男になりたいと思って、リリースされて間もなかったF40を買いに、勇躍乗り込んだんです。

ところが、ディーラーの人たちは、はっきりは言わないんですが、『残念だけど、これはキミには買えないよ』って顔に書いてあった。なにしろ1億3０００万円でしたから。

当時でも、その値段は常識外れと言われました。定価４５００万円のクルマに1億3０００万も出すなんておかしい、と。

でも私にとっては、商売じゃなかったんです。それまでフェラーリ一筋で来た自分へのご褒美のつもりでした」

「でも、結局それより高くなったんですよね？」

「そうです。そのF40は、半年後、ええと89年3月ですね。1億３８００万円で転売しています。買ったのは、コーンズからの納車が遅れて、待ちきれなくなった著名なコレクターの方でした」

　著名なコレクターとは、マツダコレクションの松田氏だと言われている。

「それから……、Ｆ40については、89年12月、２億２０００万円で売ってます。この頃はもう、かなり天井に近いでしょう」

　まさに、日経平均株価が史上最高値を記録したのと同時期だ。

「それから、90年３月には、テスタロッサ４５００万円というのがありますね」

　切替氏はそのテスタの売上伝票を私にチラリと見せてくれた。買い主はなんと、キャステルオートの鞍さん。つまり業販だ。業販で４５００万ということは、売値は５０００万円以上だっただろう。

「90年は、４月に３２８が２１５０万。同じく４月に３６５ＧＴＣを４９５０万で売っています。ＧＴＣは今、５００万から７００万くらいですよ。６月にテスタロッサが５０００万。ピークはこのあたりまでだな」

「では、一番高く売ったフェラーリは？」

「車種はもちろんＦ40ですが……、90年２月に２億６０００万円をつけていますね。その次に40を売った時は２億４８００万円に落ちています。ピークは90年前半でしょう」

　フェラーリバブルの頂点は、株より少し遅れて、90年前半に来たようだ。

オートトレーディングルフトジャパンの南原氏も、12～13台のＦ40はじめ、バブル期にフェラーリ全車種合計で１００台近くをさばいたという。

「南原さん、フェラーリでいったいいくら儲けたんですか」

「うーん、とりあえず1台で７０００万円儲かったことがあるよ」

「ええっ⁉」

「メイテックに最後に売ったＦ40だったんだけど、なぜそんなに儲かったかというと、一種の先物だったんだ」

　バブル崩壊直前、南原氏はメイテックから「Ｆ40をもう1台」という注文を2億円で受けた。しかしＦ40はそう簡単に見つからない。見つかった時はバブルが崩壊していて、１億３０００万円で仕入れることができた……というわけだ。

「その間、わずか3ヵ月くらいのものだったね」

「ところで、それらのフェラーリのメンテナンスは、いったいどうしていたんですか」

「いや、当時はフェラーリは投機の対象だったから、みんなめったに乗らない。だから壊れなかったんだよ。ただ、メイテックは別。あそこは若い社員にどんどん運転させていたから、クラッチが一発でダメになったりしていた。そんな時は僕と若いメカとふたりで、出張交換に行ってたよ」

「えっ、南原さん自身がクラッチ交換してたんですか⁉」

土地投機が盛んになり地価が高騰。不動産業者や暴力団による「地上げ」が社会問題に。

「そうだよ。それくらい軽いもんだ。ただ、中腰での作業だから、ものすごく腰が痛くなる（笑）。それだけはつらかったね。フェラーリのメンテナンスなんて、そんなに難しくなかった。単なる接触不良とかネジのゆるみみたいなものが多かったから。僕は勘も鋭かったし、経験の蓄積もあったから、たいていのトラブルはすぐに直してしまったね」

１台のＦ40で７０００万円儲けたこともあったという南原氏だが、結局のところフェラーリ売買の収支はどうだったのだろう。

「いや、いつも儲かったわけじゃない。損したこともあったけど、まぁ、10億近くのプラスになるかな」

約１０００台で10億円。１台平均１０００万円の利益ということになる。

経済は山あり谷ありだ。

バブルのピーク時、マスコミはこぞって「土地高騰の悲劇」を報道した。誰もがこのまま土地の値上がりが続くと思っていたから、このままでは東京近郊に持ち家を買える日本人などほとんどいなくなってしまう。通勤距離はどんどん伸びる。賃貸物件の家賃も上昇する。給料は上がらない。希望はない。この世は闇だ、といった調子だった。強引な手口の地上げ屋が社会問題にもなった。

「民の怨嗟《えんさ》の声」に押され、国が動き始めた。土地の高騰を抑える施策を次々打ち出したのだ。

90年4月から始まった不動産融資の総量規制は、土地を担保にすれば追加融資が常に受けられるという状況を変えた。その結果、借金で土地を買った企業のうち、それを利用せずに値上がり期待で塩漬けにしていたところは、保有する土地の一部を売却して金利を支払うしか方法がなくなった。しかし、この時点ではすでに総量規制によって買い手はいなくなっていた。こうなると、破産するしかない。

加えて、91年には、地価税の創設、三大都市圏の市街化区域で生産緑地の指定を受けない農地への宅地並み課税、土地譲渡益課税の強化など、土地を買っておけば必ず得をするという〝土地神話〟を打ちくだく税制が、当時の野党の強い主張で矢継ぎ早に成立した。野党にすれば、これぞ正義の政策だった。

次々と打ち出された策は劇的効果を発揮し始める。土地価格の下落に始まるバブル崩壊である。

同時に、そこまで大儲けしていた多くのクルマ屋は、超高値で仕入れたスーパーカーを売り抜けられず、最後は二束三文で叩き売って大損した。最終的に夜逃げ・倒産にまで追い込まれたケースが多い。

ところが南原氏は、見事10億近い黒字を出したままフェラーリから撤退した。いったいなぜ南原氏は、売り抜けることができたのだろう。

「それは、オランダのチューリップの話を思い出したからだよ。18世紀のオランダで、チューリップの球根が投機の対象になって恐ろしく値上がりして、馬車1台と球根1個、果てはお城ひとつと球根1個が交換されるまでになった。チューリップの球根が証券化されて売買されたりもした。ところがある日突然、球根はただの球根の値段に戻ってしまった」

バブル経済というのは、市場経済が誕生して以来、ときおり発生する現象だが、当時の大部分の日本人（もちろん私を含む）はそれを知らず、どこまでも土地と株は値上がりすると思い込んでいた。それと連動して、貴重な美術品や高級車も永遠に値上がりするという錯覚に陥っていた。

しかし、オランダのチューリップの話を知っていた南原氏は、「いくらなんでもそろそろヤバいんじゃないか」と思って、91年のある日、店にあったテスタロッサをすべて売却し始めたのだという。

「今まで買い手が100人、売り手が90人だったのが、売り手95人、買い手96人になった瞬間に、バブルは崩壊するんですよ。僕はそれが近いという気配を感じた。これは総合的な勘とでも言うしかないね」

日本フェラーリ界の巨大資産の形成

土地価格の下落と歩調を合わせて、スーパーカーの価格はゆるやかな下降線を見せ始める。ただし当初は、早々に見切りをつける人がいる一方、経済は再び上昇に転じるはずだという見方も有力で、下がったところを買って儲けようという人も多かった。

なにしろ90年当時は、「バブル崩壊」などという言葉自体が、まだほとんど使われていなかったのだ。

株のピークは89年末だったが、土地が急速に値を下げるのは、91年、土地バブル退治策が矢継ぎ早に成立してからだ。

91年になりようやく「これは、バブル経済の崩壊というものらしい」という認識が、徐々に世間一般に広がり始める。その頃には、スーパーカーの値も暴落へと向かっていた。

多くのスーパーカー業者は、南原氏のように売り抜けることはできなかった。ディノの切替氏のように、生涯をフェラーリに捧げようという業者はなおさらだ。

「私が最後に２億で入れたＦ40は、値段を下げても売れなくて、もうこうなったら自分で乗っていようと思って、確か2年ほど、2万8000km乗ったんですが、ええと、売ったのはいつだったか……」

切替氏は再び売上伝票の束を引っ繰り返した。

「92年12月ですね……。4000万。4000万ですよ」

F40の値段は、2年弱で5分の1になってしまった。

ちなみに、92年12月30日（大納会）の日経平均株価は1万6924円。3年前のピーク時の半分弱程度である。

切替氏もかなりの痛手をこうむった。

「私は、ヨーロッパのパートナーと契約があって、バブルが崩壊したからと言って、輸入をやめることができなかったんです」

切替氏のパートナーは、ヨーロッパ中のフェラーリディーラーから新車を買い集め、ディノに送っていたのだという。つまり一種のブローカー業だろう。

「バブル当時は、彼がぼんぼんとフェラーリを日本に送ってきましたよ」

「そりゃまあ、入ればすぐに売れてしまうわけですから、ぼんぼんで良かったわけですね。しかし、バブルが崩壊したのにぼんぼん送られてしまったら、困ったでしょう」

氏は、ほんの一呼吸置いて応えた。

「当時うちは、フェラーリの全モデルの新車を置くことにしていましたからね……。フェラーリ全モデルを即納できるようにしていたんです。当時ですから、テスタ、４１２、３４８、モンディアルあたりですか。うちのショールームは全部で20台くらい置けますから、それが全部損失を出しました。Ｆ40に関しては、結局収支はマイナスでした」

フェラーリの輸入台数は、90年の４４７台（正規１５０・並行２９７）に対して、91年は５９６台（正規２７６・並行３２０）。正規ものの正価は、91年中はバブル崩壊後でもまだ相場より低かったから増加していても納得できるが、並行ものもわずかに増えている。暴走列車は、止めようにもすぐには止められなかったのだ。

ちなみにディノでは、バブル期、年間１５０台ほどフェラーリを売っていて、そのうち「半分くらいが新車だった」という。つまり、70台前後。中古も含めれば、わずか1店で正規代理店のコーンズに迫る台数であり、しかも全車種即納可能だったから、日本におけるフェラーリの総本山は、コーンズではなくディノ、という風潮すら生まれた。

しかし、上り坂が急ならば、下り坂もまた急だった。

「切替さんは、バブルが崩壊してフェラーリの値段がどんどん下がり始めた時、どんなふうに思われましたか」

「割合冷静でした。というのは、土地はもう下がり始めていましたから。これは仕方ないな、と思いました」

「でも、仕入れるクルマが全部損失を出していたら、やっていけないでしょう？」

「大きな損失は最初だけで、その後は、パートナーから送られてきたクルマをすぐに同じ値段で業販したりして、なんとかしのいでいました」

「つまり、例えば2000万円で入れたものを2000万円で転売していたということですか」

「そうです。ですから当時は、うちが仕入れたクルマがずいぶん業界に流れていましたよ（笑）」

そのパートナーとは今でも契約が続いていて、現在売っている新車のF430も、彼から仕入れているということだ。

「バブル期は、今思えば夢を見ていたようでした。バブル崩壊で、我に返ったんです。原点に戻ってやらなきゃいけない、今は耐える時期だと思いましたね。幸いうちは、もともと部品の輸入やメンテが中心でしたし、自社ビルでしたから、なんとかやっていけました。賃貸だったら、難しかったかもしれません」

92年12月、切替氏が最後のF40を4000万円で手放し、1億6000万円の損失を確定させた頃には、フェラーリ価格の暴落もある程度落ち着いていた。まだ下がり続けてはいたが、それほど急激なものではなくなっていた。

岐阜県大垣市で洋菓子店「チェリー」とともに、スーパーカー販売店「オートガレージモトヤマ」を営む本山氏の場合は、かなり事情が異なる。

「私はもともとケーキ職人なんです。実家が和菓子屋をやってまして、これからは和菓子より洋

オートガレージモトヤマ・本山氏

菓子だと思ってそっちの修業をして、親の土地建物に店を開きました。家賃もなんもかかりませんから、自然、お金が貯まって、好きだったクルマを買い始めたんです。

トヨタ2000GT、ハコスカ、ケンメリのGT－R、Z432など、最初は国産車が好きで、買い集めました。特に2000GTは6台も持ってました。私、2000GTは今まで全部で30台近く買ってますね。100台は乗ってます（笑）。

それが、ポルシェの73カレラRSに乗って世界が変わって、外車を買うようになりました。コレクションがだんだん多くなって、16～17台になったでしょうか。500万～600万で買った2000GTは2000万円になりまして、フェラーリの365BBやディーノ206GTなども持っていました。いろんなツーリングに顔を出して、知り合いも多くなった。それで、クルマ屋ができるんじゃないかと思ったんです。平成元年の後半でした」

平成元年、つまり89年、本山氏は、ケーキ屋の横でスーパーカーを売るという、一風変わったスーパーカーショップ「オートガレージモトヤマ」を開店する。89年ということは、本山氏はスーパーカー販売業参入から1年もたたず、バブル崩壊に見舞われたことになる。

「90年の頭に、4000万円でテスタロッサの新車を買ったんですよ。それは、八王子の業者さんがコーンズからの割り当てを持っていたもので、正規の値段は2200万円ですが、私はそれを4200万で買うという業者を見つけていたので、4000万で買うことにしたんです。

　ところが、いざ買ってみたら、4200万で買うと言っていた相手が『本山さん悪い、それ買えないわ』とキャンセルしてきた。それで困って、いろんな業者さんに電話したんです。

　ディノの切替さんにも電話しました。ところが切替さん、『1600万から1800万がいいところですね』って言うんですよ。私が『4000万で入れたんですよ、それはないでしょう』と言ったら、『本山さん、2200万のクルマをよくそんな高く買いますね』(笑)。切替さんはよう知ってはりました。もうダメだって」

　結局そのテスタロッサは、なんとか4000万円で売り抜けることができたという。つまり、90年の半ば、バブル崩壊の兆候が現れた頃は、それを察知していた人と、察知できずにいた人に分かれていたわけだ。

　本山氏も「頂点は90年半ばだったでしょう」と言う。ではその後は、どうやって商売をしたのか。

「クルマの相場はどんどん下がりましたけど、下がった分、安く見えるんです。みなさん、前の値段を知ってはるでしょう。だからずいぶん安くなったと思って、結構買ってくれたんです。もちろんそれからも値段はずーっと下がり続けたんですけど、パッと値段を見たら『安い』って思う。その繰り返しでした。91年、92年頃はずっとそうでした。

それから、まとめ買いがよくありました。たくさん在庫を持ってて苦しいところとかが、いっぺんに処分するのを、まとめて安く買うんです。たとえばＦ40と９５９と２８８を３台セットで買ったりするんです。知り合いの業者同士３人で、まとめて10台買ったこともあります。そうすると１台で買うより安く買える。それを１台ずつばらして売ったんです。

バブルの頃は、大企業とか銀行も、投資として結構スーパーカーを買ってたんですよ。誰でも知ってる一流の大企業もです」

ちょっとやそっとではビクともしない一流企業の場合は、値段が下がってもすぐに放出する必要はなかった。しかし、いくらなんでもこのまま持っていても値を戻す気配はゼロだし、保管代もかかるということで、数年後にようやく放出したりした。

「95、96年くらいまで、そういう在庫の放出がたまにありましたねえ」

こうしてバブル経済は終わり、多くのスーパーカー業者が屍《しかばね》を晒《さら》した。

しかし、残ったものがある。わずか数年間のうちに日本に持ち込まれた多数のフェラーリだ。

79年から85年までの７年間に日本に輸入されたフェラーリは、合計わずか３３２台だった。それに対してバブル期は、

86年……136台
87年……284台
88年……385台
89年……333台
90年……447台
91年……596台

正規・並行合わせて、6年間で合計2181台も輸入されている。これが、日本のフェラーリ界にとって、巨大な資産となった。

狂乱のバブルとその凋落後を経験したフェラーリ348。

私が最初に買った90年式348tbも、90年に並行輸入された中の1台で、当時は正規価格約1700万円に対して2500万～3000万円の値が付けられていたらしい。しかし結局私が買った値段は、車両本体で1100万円に過ぎなかった（と言っても人生捨てる覚悟で買ったのだが）。

バブル経済が日本に運んできたフェラーリたちは、その後「フェラーリの大衆化」という、まったく新しい風を吹かせることになる。その登場人物の中に、この私もいるわけである。

「清水様、すっばらしい348tbが入ったんですよ!!」

その頃——正確には92年の春、トヨタ自動車のエンジニアから八王子の「オートギャラリーヨーロッパ」の営業部員へ転職した榎本修氏は、想像を絶する環境の変化に見舞われていた。

「それまで、まっとうなサラリーマンだったわけじゃないですか。ところが僕が入った店は、当時、どうしようもない状態でした。僕がいた1年弱の間に、まともにクルマを売ったのは2〜3台ですよ。誰も働かないいんです。僕を入社させてくれた営業部長も、たまに3000万円で仕入れたディーノを1200万円でさばいたりして、家賃や経費の元手を作る程度のことしかしてませんでした」

当時の世相を、榎本氏はこう振り返る。

「あの頃、92年当時は、まだ景気復活の望みを捨てきれていない時代でした。三重野《みえの》日銀総裁が公定歩合を引き下げるらしい、という噂が流れると、おお、これで景気が復活するぞ、と希望的観測が浮かぶんです。まさかこのまま下降し続けるなんてありえない、そんなバカな!! という思いがあったんです」

確かに当時、景気はまたいずれ近いうちに浮上するはずだという根拠のない希望があった。経済は生き物だ、沈むときもあれば浮かぶときもある、そろそろ浮かんでくるぞ、また土地は値上がりするぞ、ということで、今こそチャンスだとマイホームを取得する人も多かった。スーパーカー相場も同じだった。

「3000万で仕入れたディノを、思い切って早い時期に1980万で売りに出していれば傷は浅くて済んだんでしょうが、中途半端に2500万くらいの値をつけて売れなくて、しょうがないから『いずれまた浮かぶさ』って感じで放置して結局1200万で出すという、最悪の事態を招いていたんです。93年にはもう、ジ・エンドの雰囲気になりました。もうダメだ、もう希望はないって」

そんな状況で、榎本氏はどんな仕事をしていたのか。

「僕が入社したときにはもう、会社にはまったくお金がなかったんです。在庫処分は営業部長の仕事だったので、新入りの僕なんかノータッチです。つまり、新規の仕入れなんてまったくできないんです。

それで僕がどうしたかと言いますと、雑誌のスーパーカーの広告を見て、ひたすら下手に下手に、電話をかけまくったんですよ。『八王子のオートギャラリーヨーロッパと申します。突然お電話してこんなことを伺うのは大変失礼なんですが、広告にあったあのおクルマ、業販なんてことはお考えになっていないでしょうか』そんな感じです。

そうすると、ほとんどの場合は断られるんです。『業販なんかやらねぇよ』『いきなり失礼なやつだな』くらいは当たり前です。でも、めげずに電話し続けるんです。

そうすると、たまに『考えてやってもいいよ』と答えてくれる店がある。じゃいくらで業販してくれるのかというと、広告の値段よりほんのちょっと安い程度がいいところなんですけど。でも、そう言ってくれればしめたもので、『ありがとうございます。ちょっとばかりあてがありますので、またご連絡させていただきます』と言うんです。もちろんあてなんかまだ全然ないんですけど。

で、今度はまた雑誌の広告を見て、脈がありそうな店に電話をかけまくるんです。『八王子のオートギャラリーヨーロッパと申します。○○が入るんですが、ご興味ありますでしょうか』ってな感じです。

で、値段を刷り合わせて、売り主の店に『○○○○万円ではちょっとキツいんですが、○○○○万円でしたらいいというところがあるんですが、いかがでしょう』というふうに交渉して、最終的に値段の差が10万円でもプラスなら仲介するんです」

榎本氏は現在、年間約100台のフェラーリをさばいている。

この厳しい環境が、榎本氏の営業力を鍛えていった。

榎本氏は現在でも努めて下手に出るお調子者風の営業スタイルを続けているが、それはこの当時培われた。

「下手に出るのは、当時の上司だった営業部長のコピーでした。『客をいい気分にしてやれ!!』というのと、『男はベルサーチでキメろ!!』(笑)というのがその部長の教えでした。実は部長、ほとんど仕事のできない人でしたけど、いいところだけ盗みましたウフフフフ〜」

それにしても、スーパーカー屋が雑誌を見て電話して、仲介できるクルマを探すとは、まさに末期症状である。

「別に、上にそうしろって言われたわけじゃないです。なにしろ元手がありませんから、そうやって稼ぐしかなかったんです。そういう方法で月に70万〜80万円は利益を出してました。もちろんそんなふうに働いてたのは、店で僕だけでした。僕が僕も含めた下っ端社員4人分の給料、基本給20万円くらいでしたけど、全部稼いでいたっていう自負はありますね。10万円利益を出すと、僕には歩合で確か5000円くらい出ました。5000円です。今でも原点はそれです。僕は今でも5000円でも儲かれば、どんな努力でもします」

そうやって話をまとめたときには、えもいわれぬ達成感があったという。

そして93年。榎本氏は、ナイトインターナショナルの望月社長に「うちに来ないか」と誘われる。

望月氏は、裸一貫泥にまみれて稼ぎ上げた金を元手に、中古バイク屋→中古ポルシェ・ベンツ専門店→中古ポルシェ専門店と成り上がってきた人物だった。そのうちたまにフェラーリも扱うようになり、榎本氏が328を仲介したのをきっかけに、彼をヘッドハンティングした。

「社長は、『竹ちゃん(榎本氏の当時の苗字は竹本。その後婿養子に行き榎本姓に)、うちでフェラーリ屋やろうよ』と言ってくれました。それで移ったんですが、僕はナイトに来て初めて、現金でフェラーリを仕入れて、利幅を乗せてそれを売る、という仕事をすることができました。八王子時代は、あれだけ苦労して10万円の利益しか出せなかったものが、同じ労力でケタの違う利益が出せるんです。これぞ仕事‼ と思いましたね。

ナイトに来てからは、ひたすら誠意をもって堅実に商売をしたいという思いでいっぱいでした。もう路頭に迷いたくなかったんです。潰れた同業者もたくさん見てましたから、浮ついたことをしたらすぐにおまんまの食い上げだっていうのが身に沁《し》みていました」

バブル崩壊で、客を食い物にボロ儲けしていた業者は、多くが資金繰りに窮し、徐々に淘汰されていった。もちろんまだ〝中古フェラーリなんてシロートは絶対に手を出してはいけない危険なもの〟という固定観念は根強かったが、業界は徐々にクリーン化に向かっていったと言える。

「ナイトでは328を中心に扱ってました。93年当時で、値段は1200万くらいだったでしょうか。その頃から、ごくたまにでしたが、サラリーマンのお客さんがやってきて、フェラーリのためにこつこつ貯金していたんです、って感じで、虎の子の頭金で328や308を買って行かれるようになりました。

それまでは、フェラーリを買うお客さんといえば、あまり堅気《かたぎ》とは言えないタイプばかりだったんですけど、ナイトに来てからは、自分の同類が来てくれるようになったんです。僕もスーパーカー世代じゃないですか。スーパーカーに対する思いは同じだったんで、これこそクルマ屋の原点だ!!　って思いましたね」

93年初夏。榎本氏がナイトに入社して間もなく、当時『ベストカー』の編集者だった大石氏が雑誌広告を見てナイトを訪問、308GTS QVを購入した。

大石君は私に、「ナイトというお店なんですが、とても安いんですよ。清水さんのクルマも探してくれるよう、言っておきましょうか？」と言ってくれた。

1週間後。私のもとに、ナイトの竹本店長なる人物から、きわめて丁重かつ調子のいい電話があった。

「清水様でらっしゃいますか。すっばらしい348tbが入ったんですよ!!」

それは、後に知ったのだが、ミウラ商事が新車並行で入れた90年式348tbだった。輸入直後にバブルが崩壊し1年半ほど倉庫で寝かされていたが、92年2月に売却され初登録（当然大赤字）。しかし買い主の会社も間もなく怪しくなり、回転資金にするためナイトに売却……という運命をたどってきたクルマだった。

竹本店長は続けた。

「大石様のご紹介ですし、さっそくご覧になっていただきたいと思いまして!!」

あとがき

この電話の後、私はすぐにナイトへ行き、緊張のあまり失神寸前状態に陥りながら、その場でフェラーリを買ってしまった。

コミコミ１１６３万２８００円。サラリーマンの身（当時）には、失禁寸前のバチ当たりな出費だった。

が、その顚末を『ベストカー』誌の連載「フェラーリ曼陀羅《まんだら》」で書き連ね、２年後に『そのフェラーリください！』（三推社刊レッドバッジ・カーライフシリーズ）にまとめて、単行本として出版した頃から、驚くべき現象が起きはじめた。

私の連載や本を読んで、フェラーリを買ったという人が現れだしたのだ。

彼らは一様に、サラリーマンなどの、ごく一般的な収入レベルの方だった。ある方は手紙で、ある方はメールやＨＰの掲示板の書き込みで、ある方はイベントや街角やホストクラブで偶然私に会って、信じられないことに、「清水さんですね！　僕も清水さんの本を読んでフェラーリ買いました!!」と言った。

その総数は、きわめて大雑把ではあるが、これまでに１５０人は超えている。

現在日本のフェラーリの登録台数は、約８０００台。１５０台でも２％近くになる。恐らく潜在数はその10倍以上。まったくの推定ではあるが、１５００人から２０００人の方が、私の本に背中を押されて、フェラーリを、問答無用の世界最高の超高級スーパースポーツであるフェラーリを、それほどお金持ちでもないのに、というかごく普通の収入の部類なのに、実際に購入したらしい（私同様、ほとんどのケースが中古ではあるが）。

想像もしなかったことだが、私は、「フェラーリの大衆化」という、地上で唯一日本独特の現象の一翼を担ったようだった。

しかし、常に後ろめたい気持ちはあった。自分はフェラーリについて、何を知っているのかと。

私が日本におけるフェラーリの歴史を探り始めたのは、２００２年の夏。フェラーリ伝来の謎を解くべく、関係者の皆様を訪ね歩き、毎回新鮮な驚きとともに、『ベストカー』誌の「フェラーリ曼陀羅」にこつこつ書き始めた。

ひとりの方のインタビューは到底1度では掲載しきれず、最低2回、日本人初のフェラーリオーナーである佐藤幸一氏については、なんと連載7回にも及んだ。

月2回刊誌で、これほどひとつのネタを長く引っ張ってしまったら、読者は訳がわからなくなってくる。勝股編集長には大変なご迷惑をかけ、申し訳ないと思いつつも、どうしても短く切ることはできなかった。

終盤になって、連載の舞台はネコ・パブリッシングのウェブサイト『ホビダス』の「ＭＪブロンディのＷＥＢ歳時記」に移ったが、なんとか3年半かけて、とにもかくにも、この探訪記を完結させることができた。

自ら読み返してみて感じるのは、戦後、日本は、物心両面で、これほどまでに変わっていったのかという驚きだ。

「激動の戦後史」と言われるが、国民の意識や生活が、短期間にここまで変化した事例は、人類の歴史を紐解いても、そうないのではないだろうか。私の愛するフェラーリを題材に、私も生きた日本のこの時代を、深く感じることができたのは、無上の幸福だった。


快く取材に応じてくださったすべての皆様はじめ、『ベストカー』の勝股優編集長、担当市原信幸氏、ネコ・パブリッシングの笹本健次社長、『ＲＯＳＳＯ』編集部の皆さん、そして「ぜひ単行本に」と言ってくださった講談社生活文化局の木村圭一氏には、お礼の言葉もありません。

そして、この本を最後まで読んでくださったあなたに、最敬礼いたします。

２００６年６月

清水草一

清水 草一（しみず そういち／別名：ＭＪブロンティ）
モータージャーナリスト。1962年、東京新宿区・聖母病院にて生まれる。慶應義塾大学法学部卒業。編集プロダクション会社・フォッケウルフ代表。日本文芸家協会会員。愛と幻想と市場経済を核とした自動車読み物のほか、交通ジャーナリストとして高速道路問題に取り組む。
1984年、集英社に入社。『週間プレイボーイ』編集者を経て、1993年に独立。かつて編集者として担当していた漫画家・池沢さとし先生より、「ちょっと乗ってみる？」と勧められ、フェラーリ・テスタロッサを運転。瞬間的に「フェラーリであればすべて善し」と悟りを開く。以後、フェラーリ道を歩み始め、「大乗フェラーリ教教祖」となる。
著書に『間違えっぱなしのクルマ選び2005年度版』『男なら雲上ＣＡＲを目指せ！』『中古車がみるみる欲しくなる！』（テリー伊藤氏と共著／ロコモーションパブリッシング）、『フェラーリがローンで買えるのは、世界で唯一日本だけ!!』（ロコモーションパブリッシング）、『自動車世界遺産。エンツォ・フェラーリからシトロエンＤＳまで』『フェラーリＦ355フルスロットル。』『超フェラーリ主義。』『フェラーリを買ふということ。』（ネコ・パブリッシング）、『聖典版 そのフェラーリください！』『首都高はなぜ渋滞するのか!?　愛すべき欠陥ハイウェイ網への提言』『この高速はいらない。高速道路構造改革私案』（三推社／講談社）、『頭文字Ｄ　拓海伝説』（講談社）などがある。

オフィシャル WEB SITE 『清水草一.com』 http://www.shimizusouichi.com/

クルマの女王《じよおう》・フェラーリが見《み》たニッポン

2006年６月22日　第１刷発行

著　者　清水草一《しみずそういち》

発行者　野間佐和子
発行所　株式会社 講談社
東京都文京区音羽2-12-21　〒112-8001
電話　編集部／03-5395-3529
販売部／03-5395-3622
業務部／03-5395-3615
印刷所　慶昌堂印刷 株式会社
製本所　株式会社 若林製本工場

ISBN4-06-213485-3